DELIUS KLASING

Jürgen Nöll

# OPEL Fahrräder

## Fünf Jahrzehnte Fahrradbau in Rüsselsheim

Delius Klasing Verlag

Bibliografische Information der Deutschen Nationalbibliothek
Die Deutsche Nationalbibliothek verzeichnet diese Publikation in der Deutschen Nationalbibliografie; detaillierte bibliografische Daten sind im Internet über http://dnb.d-nb.de abrufbar.

1. Auflage
ISBN 978-3-7688-5330-9


Abbildungen: Historisches Archiv der Adam Opel AG (historische Fotos, Prospekte, Grafiken), Jürgen Nöll
Autor und Verlag danken der Adam Opel AG (Historisches Archiv) für die Genehmigung zur Verwendung des historischen Materials. Nicht immer sind diese Abbildungen einem bestimmten Urheber eindeutig zuzuordnen. Rechteinhaber werden gebeten, sich mit dem Verlag in Verbindung zu setzen. Ein weiterer Dank geht an das Stadtarchiv Musem Rüsselsheim für die Abschriften der Interviews mit ehemaligen Mitarbeitern der Opel-Fahrradproduktion.

Lektorat: Klaus Bartelt
Einbandgestaltung: Buchholz.Graphiker, Hamburg
Layout: Gabriele Engel
Lithografie: scanlitho.teams, Bielefeld
Druck: J. P. Himmer, Augsburg
Printed in Germany 2011



Delius Klasing Verlag, Siekerwall 21, D-33602 Bielefeld
Tel.: 0521/559-0, Fax: 0521/559-115
E-Mail: info@delius-klasing.de
www.delius-klasing.de

# INHALT

▲ Adam Opel.

# All Heil 1888!

Bei der Herausgabe meiner ersten illustrirten Preisliste über Fahrräder erlaube ich mir in einigen Worten auf die Umstände hinzuweisen, welche mich veranlasst haben, diesen wichtigen Geschäftszweig meinem Fabrikbetrieb einzuverleiben.

Der grosse Aufschwung, den das Radfahrwesen in Deutschland genommen und welches noch stets im Wachsen begriffen ist, hat die Einfuhr von englischen Rädern sehr in die Höhe getrieben, während die deutsche Radfahrindustrie nicht im Stande war, mit dem Ausländer gleichen Schritt zu halten.

Schon seit längerer Zeit hatten deutsche Industrielle diese Entwickelung des Fahrradgeschäfts und den wachsenden Import englischer Räder aufmerksam verfolgt, bis vor Kurzem mehrere deutsche Nähmaschinen-Fabriken die Fabrikation dieses Artikels in die Hand nahmen.

Die Nähmaschinen-Industrie erscheint vor allen andern dazu berufen, den schwierigen Kampf gegen die mächtige ausländische Concurrenz aufzunehmen; denn sie besitzt ausser ihrer hervorragenden Technik auch ein festbegründetes Renomée, was gegenüber dem Ansehen, dessen die englische Fahrradtechnik geniesst, besonders in die Waagschale fällt. Im Speziellen möchte ich darauf hinweisen, dass mein Nähmaschinen-Etablissement, das sich während seines 25jährigen Bestehens einen Weltruf erworben, in hohem Grade die Eigenschaften besitzt, welche im Wettstreit mit den Engländern um den deutschen Fahrradmarkt einen Erfolg garantiren; nämlich: vorzügliche, mit den neuesten Verbesserungen versehene Werkzeugmaschinen, zu deren Ergänzung und Vermehrung ich weder Kosten noch Mühe gescheut habe; ferner erfahrene, und im Fahrradfach erzogene Techniker und Arbeiter; und endlich eine bedeutende Leistungsfähigkeit, welche über die grössten Schwierigkeiten zu siegen im Stande ist.

Bei der Auswahl der Modelle habe ich nur nach den bewährtesten Systemen gegriffen und von diesen wiederum nur das Beste herausgenommen. Was nur an Güte des Materials, an Präzision und Eleganz der Arbeit geleistet werden kann, ist in den Opel-Fahrrädern vereinigt worden. Ihre Qualität und Ausstattung ist daher derjenigen der feinsten und theuersten englischen Marken in jeder Hinsicht ebenbürtig, während die Preise so niedrig als möglich gehalten sind.

Ich kann denn auch mit Genugthuung constatiren, dass meine Fahrräder von ihrem ersten Auftreten an grossen Erfolg gehabt und allgemeine Anerkennung gefunden haben.

Auf einer der ersten Maschinen, welche aus meinem Etablissement hervorgegangen, wurde auf dem diesjährigen Mannheimer Rennen der erste Preis davongetragen.

Es dürfte hier der geeignete Platz sein in einigen Worten auf die vielseitigen Anwendungen und auf die Vortheile hinzuweisen, welche aus dem Gebrauch der Fahrräder und aus der Pflege dieses edlen Sports erwachsen. Bei keiner andern Erfindung ist das Nützliche mit dem Angenehmen so innig verbunden wie beim Fahrrad.

Im Dienste vieler Gewerbe, der Zeitungsbeförderung, der Post, des Landboten, des Lebensmittellieferanten, sowie des Arztes hat sich dieser stets dienstfertige Schnellläufer gleich nützlich erwiesen und kommt immer mehr in Verwendung.

Eine ebenso grosse und stets wachsende Popularität geniesst das Fahrrad in allen Schichten der Bevölkerung, Dank der allgemeinen Würdigung, welche das Radfahren vom gesundheitlichen Standpunkt aus bei der Gesellschaft findet.

Das Vergnügen des Radfahrens ist keinem Alter und Stand verschlossen; selbst Damen und älteren Herren bietet das Dreirad Gelegenheit zu gesunder Erholung. Das Fahren ist mit keinen Schwierigkeiten verbunden und ist selbst auf dem Zweirad in wenigen Uebungsstunden zu erlernen; dagegen übt dasselbe eine für Körper und Geist gleich erfrischende und kräftigende Wirkung aus.

Die Wettrennen auf Zwei- und Dreirädern gewinnen mehr und mehr eine nationale Bedeutung und es ist vorauszusehen, dass dies noch in erhöhtem Maasse der Fall sein wird, sobald sich die heimische Fahrradindustrie völlig eingebürgert hat.

Wenn ich zum Schlusse das Publikum mit vollem Vertrauen einlade, sich von der Güte meiner Fabrikate durch einen Versuch zu überzeugen, so gebe ich gleichzeitig der Hoffnung Raum, dass dieser Catalog das Seinige dazu beitragen möge, für die Anwendung einer so nützlichen Erfindung, wie die des Fahrrads in immer weiteren Kreisen Propaganda zu machen.

Rüsselsheim, Dezember 1887.

Adam Opel.

▲ Die »fünf Rüsselsheimer« Ludwig, Fritz, Heinrich, Wilhelm und Carl Opel.

# I. DIE JAHRE VOR 1900

▶ Opel 1880.

# EIN AUSGEPRÄGTER GESCHÄFTSSINN DOMINIERT ÜBER ANFÄNGLICHE SKEPSIS

Das Fahrrad wird im Jahre 1817 von dem Badener Karl Freiherr von Drais – später verzichtete er auf den Adelstitel und nannte sich Bürger Karl Drais – erfunden, vermutlich mit dem Ziel, das Pferd als Personentransportmittel zu ersetzen. Die nach ihm benannte Draisine hatte zwei hölzerne Räder, die hintereinander liefen und durch eine Stange verbunden waren, die dem Fahrer eine Sitzmöglichkeit bot. Entscheidend für die Fahrbarkeit der Konstruktion war das in einer drehbar gelagerten Gabel laufende und damit lenkbare Vorderrad. Der Fahrer musste sich mithilfe seiner Beine auf der Erde abstoßen. Der Weg der weiteren Entwicklung, den das Fahrrad von 1817 bis 1880 nahm, war weit und schwierig.

Wie manch andere deutsche Erfindung musste auch diese ins Ausland gehen, um dann in verbesserter Form wieder nach Deutschland zurückzukehren. Auch das Fahrrad erlebte seine bedeutendsten Entwicklungsschritte und die erste fabrikmäßige Herstellung im benachbarten Ausland.

Durch den Franzosen Micheaux erfuhr die Drais'sche Maschine im Jahre 1862, dem Gründungsjahr der Opel-Werke, eine ganz wesent-

OPEL

▶ Adam Opels erste Nähmaschine.

liche konstruktive Verbesserung, als dieser einen Kurbeltrieb am Vorderrad einführte. Micheaux nannte seine Maschine »Velociped«. Ein Name, der in den folgenden Jahren auch in Deutschland gebräuchlich werden sollte.
Trotz dieses bedeutenden Fortschritts – die hölzernen Räder waren noch mit eisernen Reifen versehen – konnte sich das Velociped nicht des allgemeinen Gebrauchs erfreuen.
Erst in England, das infolge seiner inneren und äußeren Handelspolitik, seiner großartigen technischen Entwicklung und vieler sonstiger Aspekte schon damals eine bedeutende Maschinenindustrie aufwies, sollte das Fahrrad die richtige Heimstätte finden.
So ist das Land der ersten Dampfmaschine und der ersten Lokomotive auch das Land des ersten »Bicycle«. Die Engländer ordneten die Maschine so an, dass der Fahrer in aufrechter Haltung – dem Körperbau entsprechend – seine Muskelkraft einsetzen konnte, und schufen so das Hochrad.
Die direkte Übersetzung zwischen Pedal und Vorderrad führte zwangsläufig zu immer größeren Raddurchmessern, um größere Geschwindigkeiten möglich zu machen. Die Pedale waren starr mit der Vorderradachse verbunden; einen Freilauf kannte man noch nicht. Obwohl das Hochrad aufgrund seines hohen Kaufpreises ein Luxusgegenstand für Technikbegeisterte sowie Sportliche und Wagemutige der Ober- und gehobenen Mittelschicht darstellt, wird es in der zweiten Hälfte des 19. Jahrhunderts in England und Frankreich schon zu Tausenden produziert.
Mitte der 1880er-Jahre, also etwa in der Zeit, in der Adam Opel die ersten Musterteile bezieht, existieren auf der Insel schon etwa 200 Fahrradhersteller, deren Produktionsausstoß für dieses Jahrzehnt mit über 400 000 Stück beziffert wird.
Die britischen Städte Coventry, Birmingham und Nottingham bilden das Zentrum der Großserienfertigung des Hochrades. Hier wird die Technik des Bicycles kontinuierlich verbessert. Holzspeichen und Holznaben werden durch Metallteile ersetzt, die die großen Vorderraddurchmesser bei einem noch vertretbaren Gewicht erst ermöglichen. Mit der 1869 eingeführten Vollgummibereifung ist das Hochrad nach unserem heutigen Verständnis vollständig ausgebildet.
Eigentlich denkt Adam Opel überhaupt nicht daran, neben den gut gehenden Nähmaschinen

▲ Das Laufrad des Karl Freiherr von Drais, 1817 gebaut und 1818 in Paris der Öffentlichkeit vorgestellt.

▶▲ Durch den Franzosen Micheaux erfuhr die Drais'sche Maschine 1862 eine ganz wesentliche Verbesserung, indem ein Kurbeltrieb im Vorderrad eingebaut wurde.

▲ Aller Anfang ist schwer.

▶▲ Die Technik des Hochradfahrens.

▶▶ Opel-Hochrad um 1888.

noch andere Produkte herzustellen. Und Fahrräder schon gar nicht.

Auch von der wenige Jahre zuvor aufgenommenen Produktion verschiedener Modelle von Kapsel- und Korkmaschinen für den Weinbau wird sich der Rüsselsheimer Fabrikant wieder trennen. Seine beiden Mitarbeiter Wilhelm Blöcher und Georg Lorenz werden sich schon bald selbstständig machen und diesen Produktionsteil weiterführen.

Adam Opel dagegen möchte sich mit seinen etwa 260 Mitarbeitern ganz der Herstellung und dem Vertrieb von Nähmaschinen widmen. Fahrräder sind für ihn nichts weiter als eine Spielerei für Leute, die nichts Besseres mit ihrem Geld anzufangen wissen. Eine Mode, die bestimmt genauso schnell wieder vorübergeht, wie sie gekommen ist.

Andererseits hat er auf einer Geschäftsreise nach Paris erkennen müssen, dass das Hochrad in dieser modebewussten Weltstadt schon beinahe als selbstverständliches Transport- und Fortbewegungsmittel gilt. Und gerade in Paris hatte er als junger Wandergeselle auch die erste Bekanntschaft mit der Nähmaschine gemacht. Eine folgenschwere Begegnung, die kurze Zeit später zu dem Entschluss geführt hatte, nach der Rückkehr in die Heimat selbst Nähmaschinen herzustellen.

Nicht zuletzt das hartnäckige Drängeln seiner beiden ältesten Söhne, Carl (16) und Wilhelm (14), veranlasst ihn schließlich zum Erwerb eines französischen Hochrades. Bevor er es jedoch den Buben überlässt, will er als fürsorglicher Vater zunächst selbst zu einer Probefahrt starten. Doch der Ritt auf dem einspurigen Gefährt ist deutlich schwieriger, als es in der Bedienungsanleitung beschrieben wird. Nicht nur die seitliche Balance zu halten bereitet Vater Adam Probleme. Nein, der Schwerpunkt des Hochrades samt Fahrer liegt so weit vorn, dass jedes kleine Hindernis und jedes stärkere Abbremsen den ungeübten Fahrer vornüber auf die Fahrbahn fallen lässt. Diese bittere Enttäuschung bleibt leider auch Adam Opel nicht erspart. Er entschließt sich daher, das Hochrad wieder zu verkaufen, noch bevor die Buben Gelegenheit haben, sich damit die Knochen zu brechen.

Ein Nähmaschinenhändler, dem Opel die Geschichte seiner Fahrversuche erzählt, kauft ihm schließlich das Gefährt ab und zahlt dafür einen Preis, der weit über dem liegt, den Adam Opel zuvor gezahlt hatte. Spätestens jetzt beginnt der Geschäftssinn des Fabrikherrn, die anfängliche Skepsis zu besiegen.

Noch Ende 1885 trifft in Rüsselsheim eine Lieferung englischer Hochradteile ein, die Adam Opel gründlich studiert. Und er ist beeindruckt: In den gut eingerichteten Werkstätten Englands war das Bicycle in den vergangenen Jahren wie nirgendwo sonst in der Welt zu einem Sportgerät hoher Präzision entwickelt worden. Diese Präzision und die hohen Qualitätsstandards will Adam Opel einer etwaigen eigenen Fertigung zugrunde legen.

# VOM HOCHRAD ZUM SAFETY

Nach dem Studium der aus Großbritannien bezogenen Hochradteile entschließt sich Adam Opel zur Freude seiner Söhne, im Jahre 1886 die ersten Fahrräder zu bauen.

Entsprechend der großen Nachfrage sieht man bereits 1887 in Rüsselsheim eine neue Industrie aufblühen. Dabei ist die Verbindung Nähmaschinen- und Fahrradproduktion wie im Hause Opel kein Einzelfall. Da beide Industriezweige weitgehend gleiche Fertigungsverfahren aufweisen, die im Wesentlichen auf dem Prinzip der Herstellung austauschbarer Einzelteile beruhen, und man obendrein noch auf entsprechend geschulte Fachkräfte zurückgreifen kann, sind derartige Verbindungen im Inland wie im Ausland zu beobachten – zum Beispiel bei der Firma Dürkopp in Bielefeld oder den NSU-Werken in Neckarsulm.

Und darüber hinaus ist es beinahe die logische Konsequenz, dass ein Teil dieser Betriebe schon bald nach der Jahrhundertwende die Fahrräder motorisiert und die Produktion von Motorrädern aufnimmt.

Mit der Aufnahme der Fahrradfertigung im Jahre 1886 zählt Opel zu den allerersten Firmen in Deutschland. Von den bedeutenden Marken nehmen nur die Heinrich Kleyer Werke in Frankfurt (1881) sowie Dürkopp & Co. (1885) die Produktion etwas früher auf.

Dem englischen Vorbild entsprechend, entstehen in Rüsselsheim zunächst Hochräder. Doch bereits gegen Ende 1887 wird mit der Fabrikation von Dreirädern und Niederrädern, den sogenannten Safeties begonnen. Ein solches Sicherheitsrad hatte Carl Opel neben 24 weiteren Musterrädern im Frühjahr von einer Studienreise zu den Fahrradproduktionsanlagen im englischen Sheffield mitgebracht. Hier erkennt er auch die Werbewirksamkeit von Radrennen. Die großen Menschenmassen, die zu den Radrennveranstaltungen strömen, faszinieren ihn. Wieder nach Rüsselsheim zurückgekehrt, nimmt er selbst an einem Radrennen im Frankfurter Palmengarten teil – und erzielt auf Anhieb seinen ersten Sieg. Da er außer seiner Siegestrophäe auch Bestellungen über fünf Fahrräder mit nach Hause bringt, stellt Vater Adam die Wirksamkeit derartiger Veranstaltungen nicht mehr länger infrage.

Durch die schnell steigenden Verkaufszahlen sieht sich Adam Opel schon bald veranlasst,

▶ Opel-Club-Zweirad 1887.

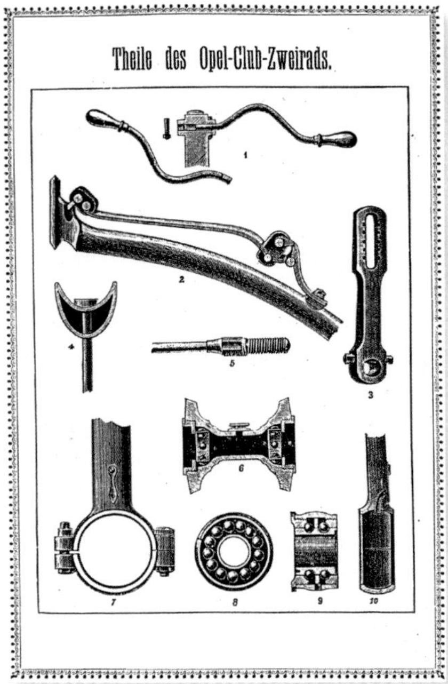


◀ Hochradteile im Opel-Ersatzteil-katalog.

▼ Nach dem Vorbild dieses Übungssaales der Pariser Velociped-Vereinigung lässt Adam Opel im Jahre 1888 einen großen Fahrsaal errichten, in dem den Kunden die hohe Kunst des Rad-fahrens beigebracht werden kann.

große Erweiterungsbauten auf seinem Firmengelände zu errichten, um so dem rasch steigenden Platzbedarf des neuen Geschäftszweiges gerecht zu werden.

Bei den im Jahre 1888 errichteten Bauten wird besonderer Wert auf einen großen Fahrsaal gelegt, der in dieser Zeit als durchaus notwendig erscheint, um den Käufern in geschlossenen Räumen die Kunst des Radfahrens vermitteln zu können. In diesem neuen Fahrsaal nach französichem Vorbild übernehmen die Mitglieder der Familie Opel – einschließlich der Mutter Sophie – dann höchstpersönlich das Lehramt. Ähnliche Räumlichkeiten entstehen bald darauf überall im Land.

Die feindselige Haltung der deutschen Behörden gegenüber dem Fahrrad zwingt zu dieser Zeit jeden Radfahrer zum Absteigen, wenn ihm

▲ Das vierrädrige Modell Opel Express-Post für die Dame und den Herrn. Das Rad kann auch als Zweirad verwendet werden.

ein Reiter oder ein Pferdefuhrwerk entgegenkommt, dessen Pferde möglicherweise scheuen könnten. Diese Vorschrift ähnelt sehr den Bestimmungen für den frühen Automobilverkehr, nach denen ein Mann mit einer roten Fahne dem Fahrzeug vorausgehen musste, um Entgegenkommende zu warnen. Aber auch die Stadtverwaltungen stehen den Radfahrern eher ablehnend gegenüber. Die Stadt Berlin erlässt 1890 sogar ein Fahrverbot für das Niederrad auf allen öffentlichen Straßen.

Rüsselsheim dagegen gilt als ausgesprochen fortschrittlich, zeigt sich solidarisch mit den Radfahrern. So berichtet beispielsweise die regionale Zeitung »Main-Spitze« in ihrer Ausgabe vom 30. Juni 1888:

*»Es herrscht bei Fuhrwerksbesitzern vielfach die Ansicht, der ihrem Fuhrwerke begegnende Velocipedfahrer müsse von seinem Vehikel absteigen, wenn er an einem Fahrwerk vorüber fahre. Es ist dies ein Irrtum, der eine Schädigung der Fuhrwerkbesitzer zur Folge haben kann. Nach einer Erkenntnis des Reichsgerichtes gilt lt. Kl. Pr. auch für Velocipedfahrer der alte Rechtsgrundsatz, dass bei einer Begegnung mit anderen Fuhrwerken jeder auf sein Fahrzeug aufzupassen hat. Befürchtet also ein Fuhrmann, seine Pferde könnten vor dem vorüber fahrenden Fahrrad scheuen, so muss er auf seine Pferde aufpassen oder auch absteigen.«*

Erst als die polizeilichen Vorschriften, die den Radsport in den ersten Anfängen in jeder Hinsicht einengen, allmählich wieder aufgehoben werden, geraten auch die Fahrsäle langsam in Vergessenheit.

Im Herbst 1887 entschließt sich die Familie Opel, für das kommende Jahr die erste illustrierte Preisliste herauszugeben. Sie soll dem Kunden alle für 1888 angebotenen Modelle präsentieren. Darin werden die Hochräder unter den Modellbezeichnungen »Opel-Zweirad Rhenania«, »Opel-Touren-Zweirad Merkur« und »Opel-Renn-Zweirad Victoria« angeboten. Die Preise dieser Maschinen bewegen sich je nach Konstruktion und Ausstattung zwischen 250 und 375 Mark.

Doch gewinnt bereits ab 1888 das Niederrad mit dem Namen »Opel-Sicherheits-Zweirad Blitz« durch sein gefälliges Aussehen und vor

▲ Carl Opel 1889.

◀▲ Opel-Fahrradmodelle 1888/1889.

allen Dingen durch das erleichterte Fahren gegenüber den Hochrädern immer mehr Anhänger. Es wird trotz des verhältnismäßig hohen Preises von 375 Mark gern gekauft. Außerdem wird neben den Hoch- und Niederrädern noch das Dreirad »Express-Post« für 450 Mark in den Handel gebracht.

Hinzu kommt im Jahre 1889 als Nonplusultra das kombinierte Zwei-und-Dreirad-Tandem »Express-Post«, das für einen Herrn und eine Dame eingerichtet ist und sich durch Wegnahme des Hintergestelles ohne Mühe in ein einsitziges Dreirad verwandeln lässt. Das Vorderrad dieses Dreirad-Tandems kann außerdem mit dem hinteren Teil der Maschine auch zu einem einfachen Sicherheits-Zweirad zusammengefügt werden. Natürlich ist der Preis für ein derartiges Universalgefährt der komplizierten Konstruktion angepasst. Er beträgt für die komplette Maschine 750 Mark.

Als wichtigste Neuheit und Verbesserung werden schon in den ersten Produktionsjahren bei den Opel-Fahrrädern sogenannte Kugelhalter und Kugelführungsringe verwendet und

◄ Opel-Sicherheits-Zweirad Blitz IV von 1889, Preis: 360 Mark.

dadurch ein für diese Zeit außerordentlich leichter und ruhiger Lauf der Räder erreicht.

Der Fahrradkatalog von 1889 weist neben den neuen Modellen auch auf wesentliche Verbesserungen in jeder Art hin. Neben den Sicherheits-Zweirädern »Blitz« und »Schwalbe« sowie dem Sicherheits-Dreirad »Express-Post« werden als Neuheiten das Damen-Sicherheits-Zweirad »Flora«, das Doppelsitz-Zweirad »Columbia« mit Damen-Vordersitz sowie ein Renn-Dreirad »Victoria II« vorgestellt. Alle diese Fahrräder sind mit einfachen Hohlstahlfelgen und gerieften Vollgummiringen ausgestattet.

Bereits ab 1889 bietet Adam Opel neben Hochrädern auch Niederräder an. Die sogenannten Sicherheits-Zweiräder, die unter der Bezeichnung Opel Blitz in den Handel kommen, erfreuen sich bald größter Beliebtheit. Das Modell Blitz IV war mit Nackensteuerung ausgestattet und kostete 360 Mark.

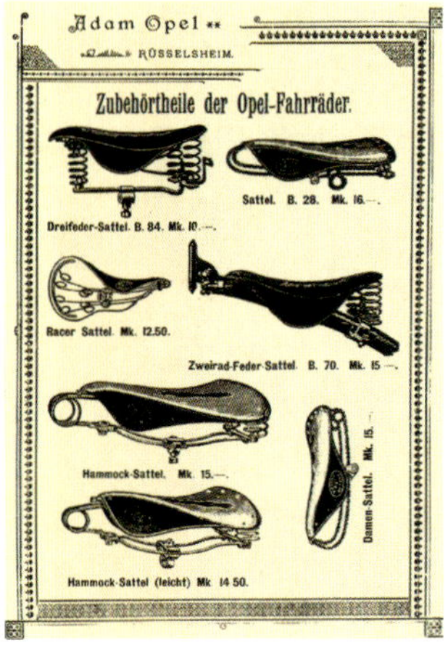
Adam Opel
RÜSSELSHEIM.
Zubehörtheile der Opel-Fahrräder.
Dreifeder-Sattel. B. 84. Mk. 10.—.
Sattel. B. 28. Mk. 16.—.
Racer Sattel. Mk. 12.50.
Zweirad-Feder-Sattel. B. 70. Mk. 15.—.
Hammock-Sattel. Mk. 15.—.
Damen-Sattel. Mk. 15.—
Hammock-Sattel (leicht) Mk. 14.50.

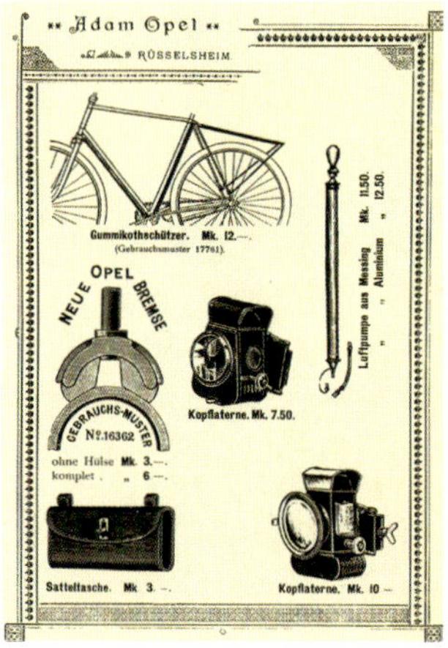
Adam Opel
RÜSSELSHEIM
Gummikothschützer. Mk. 12.—.
(Gebrauchsmuster 17761).
Luftpumpe aus Messing Mk. 11.50.
" Aluminium " 12.50.
NEUE OPEL BREMSE
GEBRAUCHS-MUSTER No. 16362
ohne Hulse Mk. 3.—.
komplet " 6.—.
Kopflaterne. Mk. 7.50.
Satteltasche. Mk. 3.—.
Kopflaterne. Mk. 10.—

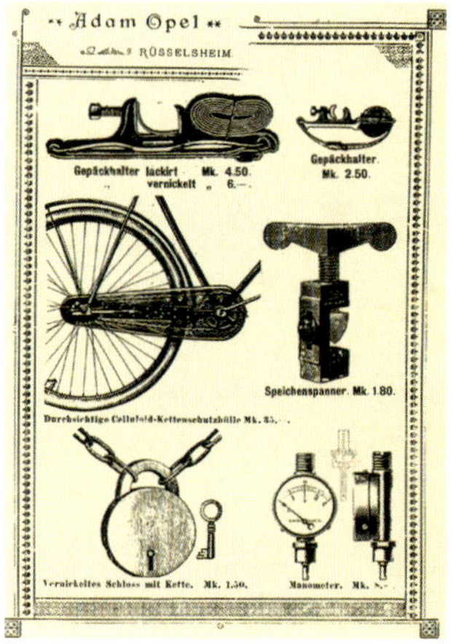
Adam Opel
RÜSSELSHEIM
Gepäckhalter lackirt Mk. 4.50.
" vernickelt " 6.—.
Gepäckhalter. Mk. 2.50.
Speichenspanner. Mk. 1.80.
Durchsichtige Celluloid-Kettenschutzhülle
Vernickeltes Schloss mit Kette. Mk. 1.50.
Manometer.

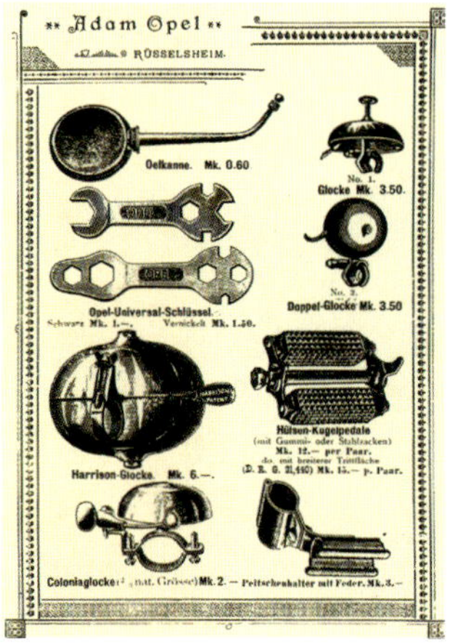
Adam Opel
RÜSSELSHEIM.
Oelkanne. Mk. 0.60
No. 1.
Glocke Mk. 3.50.
No. 2.
Doppel-Glocke Mk. 3.50
Opel-Universal-Schlüssel.
Schwarz Mk. 1.—. Vernickelt Mk. 1.50.
Harrison-Glocke. Mk. 6.—.
Hülsen-Kugelpedale
(mit Gummi- oder Stahlzacken)
Mk. 12.— per Paar.
do. mit breiterer Trittfläche
(D. R. G. 21,440) Mk. 15.— p. Paar.
Peitschenhalter mit Feder. Mk. 3.—

◀ Zubehör aus dem Opel-Fahrradkatalog von 1894.

◀ Die Nackensteuerung der frühen Blitz-Sicherheitsräder.

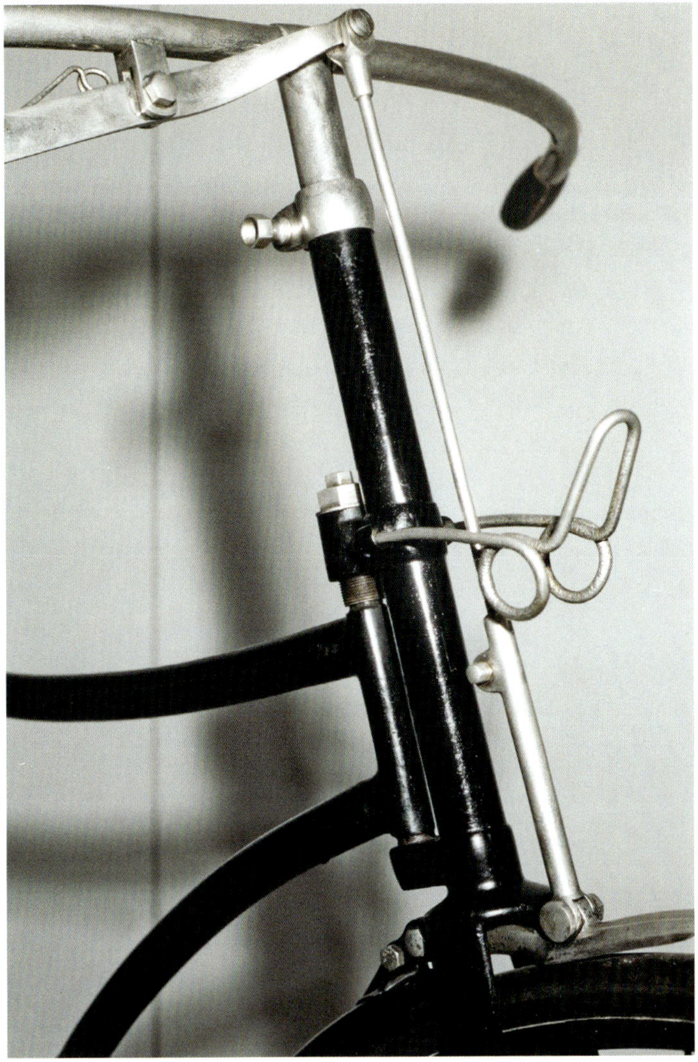

▼ Die Kette wurde an den Blitz-Modellen noch am Tretlager gespannt.

◀ Bereits ab 1889 bietet Adam Opel neben Hochrädern auch Niederräder an. Die sogenannten Sicherheits-Zweiräder, die unter der Bezeichnung Opel Blitz in den Handel kommen, erfreuen sich bald größter Beliebtheit. Das Modell Blitz IV war mit Nackensteuerung ausgestattet und kostete 360 Mark.

# SPORTLICHER ERFOLG ALS GARANT FÜR STEIGENDEN UMSATZ

Nachdrückliche Unterstützung erhält die Verbreitung der Opel-Fahrräder durch zahlreiche Rennerfolge. Am 31. Mai 1888 wird in Wien die Meisterschaft von Österreich ausgetragen, bei der Joseph Göbel auf einem Opel-Hochrad als Sieger hervorgeht.

▼ Die drei Opel-Brüder – Meisterfahrer von Hessen.

Auf den Rennbahnen in Frankfurt, München, Düsseldorf, Mannheim und anderswo sind die Opel-Räder immer stark vertreten und regelmäßig unter den Siegern zu finden.
Neben all diesen Rennerfolgen bleibt es nicht aus, dass den Produkten aus Rüsselsheim auch bei anderen Wettbewerben und Ausstellungen

▲ Links, mit den Initialen CO auf dem Trikot: Carl Opel.

▼ Bernhard Zierfuss, Berlin, Deutscher Meister 1893 auf Opel-Renn-Zweirad »Victoria I«. Das Rennhochrad besitzt Kugelsteuerung, nachstellbare doppelreihige Kugellager im Vorderrad sowie Pneumatic-Reifen. Je nach Größe und Ausführung beträgt das Gewicht nur 9 bis 13 Kilogramm. Die Hochradrennfahrer Roth, München, und Pickenpack, Hamburg, werden im selben Jahr auf diesem Modell Europameister über 7500 und 10 000 Meter.

die höchsten Auszeichnungen zuteil werden. Dem Beispiel der alljährlich in London stattfindenden Stanley-Show folgend, veranstaltet die junge deutsche Fahrradindustrie im Februar 1889 in den Räumen des Kristall-Palastes in Leipzig zum ersten Mal eine allgemeine deutsche Fahrrad-Schau.

Auf dieser Ausstellung erbringt vor allem Adam Opel den Beweis, dass die Leistungsfähigkeit der deutschen Fahrradindustrie der um vieles älteren ausländischen Industrie inzwischen ebenbürtig geworden ist. Sie kann von nun an mit Produkten aus dem Ausland konkurrieren. Das Jahr 1889 bringt dem Hause Opel 240 Siege, darunter 13 Meisterschaften, die auf Opel-Rädern gewonnen werden. Seinen weitaus größten Erfolg sollte das Opel-Rad in diesem Jahr in England, dem Heimatland des Fahrradsportes, erzielen. Am 20. Juli 1889 gewinnt einer der bedeutendsten Rennfahrer dieser Zeit, August Lehr, in London auf seinem Opel-Hochrad die »Meisterschaft der Welt«.

Durch diesen Sieg ist der bis dahin noch immer vorherrschende Einfluss der englischen Fahrradindustrie in Deutschland nachhaltig gebrochen. Umso mehr zählt das Opel-Fahrrad durch seine vielen Siege zu den bekanntesten

# ADAM OPEL

Fahrräder- & Nähmaschinen-Fabrik

**RÜSSELSHEIM bei Frankfurt am Main**

Gegründet 1862.

Goldene Medaille: Büdingen 1889.

Silberne Medaille: Sport-Ausstellung Köln 1889.

## Opel-Fahrräder

haben auch

**in der Saison 1890 wieder** von sämmtlichen deutschen Fabrikaten auf Rennbahnen, Landstrassen und Bergfahren die meisten und hervorragendsten Siege gefeiert.

### 1889

143 erste Preise,
69 zweite Preise,
39 dritte Preise,

| | |
|---|---|
| **London:** | Die Meisterschaft von England, |
| **Berlin:** | " " " Europa, |
| **Halle:** | " " " Preussen, |
| **Nürnberg:** | " " " Süddeutschland, |
| **Dortmund:** | " " " Westfalen, |
| **Pilsen:** | " " " Böhmen, |
| **Offenbach:** | " " " Hessen, |
| **Mannheim:** | " " " Baden, |
| **Nymwegen:** | " " " Continent, |
| **Hamburg:** | " " " Deutschland, D.R.B., Hochrad, |
| " | " " " Deutschland, D.R.B., Niederrad, |
| **Dresden:** | " " " Deutschland, A.R.U., Hochrad, |
| " | " " " Deutschland, A.R.U., Niederrad, |
| **München:** | " " " Bayern, |
| **Troppau:** | " " " Mähren & Schlesien. |

### 1890

214 erste Preise,
149 zweite Preise,
82 dritte Preise,

| | |
|---|---|
| **Frankfurt a. M.:** | Die Meisterschaft der Welt, |
| **Berlin:** | " " von Europa, |
| **München:** | " " " Deutschland; D. R. B., Hochrad 1000 Meter, |
| " | Die Meisterschaft von Deutschland, D. R. B., Hochrad 10000 Meter, |
| " | Die Meisterschaft von Deutschland, D. R. B, Dreirad, 5000 Meter, |
| " | Die Meisterschaft von Deutschland, D. R. B., Niederrad 1000 Meter, |
| " | Die Meisterschaft von Deutschland, Allgemeine Radfahrer-Union, |
| " | Die Meisterschaft von Deutschland, Allgem. Radfahrer-Union,, Hochrad, |
| " | Die Meisterschaft von Deutschland, Allgem. Radfahrer-Union, Niederrad, |
| **Nymwegen:** | Die Meisterschaft von Holland, |
| **München:** | " " " Bayern, Hochrad, |
| " | " " " Bayern, Niederrad, |
| **Hannover:** | " " " Hannover, Hochrad, |
| " | " " " Hannover, Dreirad, |
| **Halle:** | " " " Preussen, |
| **Mannheim:** | " " " Baden, Hochrad, |
| " | " " " Baden, Niederrad, |
| " | " " " Baden, Dreirad, |
| **Offenbach:** | " " " Hessen, |
| **Coburg:** | " " " Thüringen, |
| **Kremsier:** | " " " Mähren, |
| **Hamburg:** | " " " Hamburg, |
| **Kiew:** | " " " Süd-Russland, |
| **Wien:** | Preis der Stadt Wien, |
| **Kissingen:** | Die Meisterschaft von Franken. |

◀ Radsport-Asse 1893, der »Meister der Welt« A. Lehr (Mitte), O. Beyschlag (li.) und B. Zierfuss.

◀◀ Sieger in der Saison 1889/1890.

▶ 1893, Joseph Fischer gewinnt die erste Fernfahrt Deutschlands von Wien nach Berlin, 600 Kilometer in weniger als 34 Stunden.

und führenden Rädern Deutschlands. Das Unternehmen, das ständig expandiert, verfügt in diesem Jahr bereits über 1000 Mitarbeiter, die neben 18 000 Nähmaschinen 1200 Fahrräder produzieren. Während die Nähmaschinenproduktion im folgenden Jahr in etwa gleich bleibt, wird in der Fahrradabteilung die Fertigung von 2000 Stück erreicht.
Die beiden ältesten Söhne Carl und Wilhelm Opel tragen mittlerweile persönlich als Radrennfahrer mit zahlreichen Erfolgen dazu bei, die führende Stellung an der Spitze der deutschen Fahrradindustrie zu erhalten und zu festigen.
Im Jahre 1891 kommen in Deutschland die ersten Langstreckenrennen auf. Die erste Veranstaltung dieser Art ist die Fernfahrt »Leipzig–Berlin–Leipzig–Dresden–Leipzig«. Sie geht über eine Distanz von etwa 500 Kilometern und wird von Anton Blank auf Opel gewonnen.
Vom 12. bis 15. Mai 1892 stellt Heinrich Opel, Adams dritter Sohn, als vielversprechende Anfangsleistung für seine späteren zahlreichen Siege auf einer »Victoria-Blitz-Tourenmaschine« einen neuen Rekord auf.
Für die Strecke von Paris nach Frankfurt/Main in 80,5 Stunden Fahrzeit schlägt er den im Jahre 1889 anlässlich der Pariser Weltausstellung von August Lehr und Carl Opel auf »Opel Blitz IV« aufgestellten Rekord um ganze 36 Stunden.
Es darf aber nicht verschwiegen werden, dass die von Fritz Opel verwendete Rennmaschine mit dem neu entwickelten Cushion-Tyre, einem etwas stärkeren, in seinem Inneren hohlen Reifen ausgerüstet ist, während August Lehr und Carl Opel noch mit harten, profilierten Vollgummireifen an den Start gegangen waren.
Neben den Rennerfolgen erhalten die Opel-Fahrräder auf fast allen namhaften Ausstellungen, auf der Weltausstellung in Chicago 1893 und auf den Ausstellungen in Brüssel und Monaco, die höchsten Auszeichnungen.
Die erstmals von dem deutschen Radfahrer-Bund im Jahre 1893 veranstaltete Fernfahrt »Wien–Berlin« über eine Distanz von 600 Kilometern gewinnt Joseph Fischer in der hervorragenden Zeit von 31 Stunden und 22 Minuten ebenfalls auf einem Opel-Rad.
Fischer zählt zu den besten internationalen Straßenrennfahrern seiner Zeit. Der gelernte Schmied ist auch für die verrücktesten Wettbewerbe zu haben. So tritt er am 8. September

▼ Das Ass des deutschen Radsports 1893/94 auf einem Opel-Rad: Joseph Fischer gewinnt in München das 4000-Meter-Rennen gegen das Trabergespann genauso souverän wie ein Jahr später die drei Rennen über insgesamt sieben Stunden gegen den amerikanischen Reiter James Cody junior, Sohn des legendären Buffalo Bill.

1893 auf einer Radrennbahn in München gegen das Traberpferd Flora I an. Er gewinnt das über eine Distanz von 4000 Metern angesetzte Rennen mit mehr als fünf Sekunden Vorsprung. Anschließend erteilt er dem Besitzer des Traberpferdes Radfahrunterricht.

Am 15. August des darauf folgenden Jahres tritt Joseph Fischer im selben Stadion gegen den Amerikaner William Cody junior, Sohn des berühmten Buffalo Bill, zu einem Vergleichskampf Radfahrer gegen Reiter an.

Am ersten und zweiten Tag gehen die Rennen über jeweils zwei Stunden, am dritten Tag über drei Stunden. Cody hat insgesamt neun Pferde zur Verfügung, die er alle zwei bis drei Runden im vollen Galopp wechselt. Fischer dagegen hat drei Schrittmacherpaare auf Tandemrädern zur Unterstützung. Er gewinnt alle drei Rennen souverän. Nach einer Gesamtfahrzeit von sieben Stunden schlägt er den berühmten Reiter um insgesamt 49,54 Kilometer. Fischer legt 517 Runden = 258,5 km, Cody dagegen nur 423 Runden = 208,96 km zurück.

Die Distanzfahrt Mailand–München, auf deren 590 Kilometern der 1362 Meter hohe Brennerpass zu überwinden ist, wird von Fischer in weniger als 30 Stunden gewonnen. Für diese Fahrt, bei der 26 deutsche und 23 italienische Radrennfahrer am Start stehen, werden als Maximalzeit 55 Stunden festgelegt. Fischer erhält

◄◄ Joseph Fischer gegen den Amerikaner William Cody junior, Sohn Buffalo Bills.

◄ Sieger beim Rennen Basel–Cleve 1894: Fritz Opel. Der Zeichner stellt ihn hier als siegreichen (Pedal-) Ritter eines mittelalterlichen Turniers vor.

den Preis Seiner Königlichen Hoheit Prinzregent von Bayern sowie 1000 Mark in bar.

Auch im Jahre 1894, und zwar am 15. und 16. September, wird vom deutschen Radrennfahrer-Bund eine Distanzfahrt, dieses Mal über die 620 Kilometer lange Strecke »Basel–Cleve«, veranstaltet.

Die besten Straßenfahrer dieser Zeit, darunter die Asse Sorge, Gerger, Gutknecht, nehmen an dieser Fahrt teil. Erstaunlicherweise findet man unter den Namen dieser Matadoren der Landstraße auch den eines Fliegers, nämlich den des gerade 19-jährigen Fritz Opel.

Niemand will glauben, dass er das Rennen beenden, geschweige denn eine vordere Platzierung erringen kann.

Und dennoch, bei strahlendem Sonnenschein passiert Fritz Opel nach fast 28-stündiger Fahrt auf der alten Römerstraße, entlang an den herrlichen Ufern des Rheins, unter donnerndem »All Heil« in Cleve als Erster das Ziel. Er wird für diese überragende sportliche Leistung mit dem von seiner Majestät Kaiser Wilhelm II. gestifteten Ehrenpreis belohnt.

Ein zeitgenössischer Artikel beschreibt das Rennen so:

*»Tagsüber wird im Schlosserkittel gewerkt, abends auf der Opelbahn hinter der Fabrik trainiert. Am 7. Mai 1893 steht Mutter Opels vierter Bub in Karlsruhe am Lauterberg neben den ›Kanonen‹ Alwin Vater, Jeannin und Ernst Sachs am Start, ein schmucker schlanker Kerl, 1,72 groß, kräftig, noch etwas schmal in seinem hellblauen, weißbesetzten Trikot, blauweiße Mütze, blauweiße Schärpe, Amateur im Deutschen Radfahrerbund. Gegen Regen und Wind legt der Neuling gewaltig los und siegt überlegen, denn solch ein Tempo ist man hier nicht gewöhnt. Zum ersten Mal erscheint der Name ›Fritz Opel‹ in den Zeitungen, auch in der heimischen ›Main-Spitze‹: ›Gleich beim ersten Start siegte er in zwei Rennen.‹*

*Zwei Tage später überrascht er in Bochum durch seine Vorstöße, geht nach drei Tagen in Bielefeld mörderisch heran, holt in Coburg den 2. Preis und erscheint acht Tage darauf mit seinem jüngeren Bruder Ludwig zum Frühjahrsrennen des Darmstädter Bicycle-Clubs. Zwar kommt er beim Meisterschaftspreis von Hessen noch um eine Länge zu spät, doch wird an diesem Sommertage das Wort von den ›fünf Rüsselsheimern‹ geprägt, künftig ein Begriff für den Wagemut der Opelsöhne und die Qualität ihrer Räder aus der väterlichen Fabrik, zu deren Ruhme der Fritz am allermeisten beigetragen hat. Er siegt in München und Frankfurt, stürzt in Ottweiler und humpelt mit zerschlagenen Gliedern vom Platz. Diesen wahrhaft unermüdlichen Burschen holt sich der große Radrennmeister Lehr als Schrittmacher für die Distanzfahrt Wien–Berlin. Bis Stockerau lassen die beiden in ihrem rasenden Tempo alle hinter sich, geraten vor Kolin in einen Wolkenbruch und fallen auf den 13. Platz zurück. Sieger wird der Münchner Hoteldiener, früherer Schmiedegesell und Radfahrlehrer bei Opel, Joseph Fischer (582 Kilometer in 31 Stunden, 22 Sekunden).*

▼ Fritz Opel, Sieger der Distanzfahrt Basel–Cleve, September 1884; hier in einer im Fotostudio entstandenen Aufnahme.

*Fritz Opel hat auf dieser Distanzfahrt die Einsicht gewonnen, dass die Zukunft des Fahrrades nicht auf der Ellipse der Radrennbahn, sondern in der Langstreckenfahrt über ganze Länder liegt.«*

Brachte er als junger Sprinter für solche Straßenrennen genug Qualitäten mit, so konnte er es wohl wagen, in der Verbreitung des Radfahrens neue Wege zu bahnen. Acht Tage mit verstauchtem Fußgelenk im Krankenhaus nach einem Sturz über eine fünf Meter hohe Mauer beim Rennen in Brüssel bestärkten ihn nur noch in seinem Entschluss. Er gewinnt in Wiesbaden und Leipzig Hochrad-Preise und liegt in Bochum am Freudenberg, auch wieder in Frankfurt prachtvoll hinter seinem Meister August Lehr. Mit 21 ersten, 15 zweiten und elf dritten – zusammen 47 – Preisen, mit blinkenden Silberpokalen und klappernden Siegesmedaillen erscheint er zur Silberhochzeit seiner Eltern: »*Nächstes Jahr kommt es noch besser!*«

Das Neujahrsalbum der »Allgemeinen Sportzeitung« von 1894 zählt Fritz Opel schon zur ersten Klasse der Fahrer. Er enttäuscht nicht, ist in Stettin und Berlin immer der Erste nach seinem Meister Lehr, zeigt sich in Straßburg unerhört schneidig und holt, fabelhaft in Form, acht Tage nach Pfingsten bei strömendem Regen auch die Meisterschaft von Hessen. Vor einem Riesenpublikum in Frankfurt begeht er kurz vor dem Ziel die unverzeihliche Dummheit, sich nach seinem Konkurrenten umzusehen, und dieser schießt an ihm vorbei über das Band. In Wiesbaden jagt er so davon, dass Carl Jörns die Pedale verliert.

In Nürnberg sieht man, dass er anfangs nicht gern führt – er lässt sich mächtig locken, trainiert schon auf Langstrecken. In Arnheim, fast hinter dem Weltmeister Jaap Eden, bricht er plötzlich mit seinem Rad zusammen, fährt fort an Holzfelgen, ist in Frankfurt bei der Meisterschaft von Europa eine Länge hinter Lehr.

In zwei Stunden über 75 Kilometer geben seine 19 Jahre her, was sie haben, – jetzt kennt er seine Kräfte und ihre Grenzen genau, er tritt an zur Meisterleistung: Distanzfahrt Basel–Cleve über 620,5 Kilometer.

»*Na, Fritze? Du wirst uns wohl nicht gefährlich? Spätestens vor Mainz schwenkst du ja doch nach rechts ab, wo Mutti an eurem Schornstein wartet!*«, begrüßt der alte Straßenfahrer Gutknecht den »Flieger« Opel, der als Nummer 21 unter den Distanzfahrern am 15. September 1894, um fünf Uhr früh in St. Ludwig auf der deutschen Rheinseite eine Stunde vor Basel beim Hotel St. John fröhlich an den Start geht.

»*Das freut mich aber, dass mir keiner was zutraut!*« Der blonde Fritz lacht ihm ins Gesicht.

**6:02 Uhr:**
Fritz Opel zieht mit Gruppe 2 ab. Schon in Kamps hat er die Vordergruppe eingeholt und seine eigenen Leute hinter sich gelassen.

**7:43 Uhr:**
Neubreisach, 50 Kilometer. Fritz Opel ist als Dritter flott vorbei.

**9:39 Uhr:**
Gerstheim, 100 Kilometer. Opel als Zweiter vorbei in strammer Fahrt.

**10:21 Uhr:**
Straßburg. Opel durchfährt als Erster die Stadt.

**11:42 Uhr:**
Drusenheim. Opel voran. Selzheim. Opel hat starken Vorsprung. Depeschen voll Staunen fliegen ihm voraus, geheime Kontrollen setzen überall ein.

**1:12 Uhr:**
Lauterburg. Opel vorn, Sorge hinter ihm. Kurz vor Speyer stürzen beide, sind aber schnell wieder im Sattel.

**3:25 Uhr:**
Speyer. Gegenwind am Rhein.

**7:46 Uhr:**
Mainz. Hauptkontrollstation, 318,3 Kilometer. Hessische Radler holen Opel ein. Frisch springt er vom Rad und unterschreibt lachend die Bescheinigung. Er verlangt ein Bad und eine Massage. Der Kölner Sorge und Gutknecht aus Mühlheim ziehen vorüber, Opel sieht ihnen unbesorgt nach. Vor Bingen hat er sie eingeholt. Klare Mondnacht am Rhein.

**0:01 Uhr:**
Koblenz, 408 Kilometer. Mitternachtsglocken verklingen von vielen Türmen. Aus dem Moseltal zieht nasskalter Nebel herein. Dabei bleibt man frisch.

▼ Das Modell »Halbracer Wien–Berlin« erinnert an den mit ihm errungenen Sieg. Die ersten Victoria Blitz Halbrenner Wien–Berlin erscheinen bereits Ende 1893. Sie unterscheiden sich vom Nachfolgemodell durch einen anderen Gabelkopf und ein geändertes Kettenblatt.

**4:25 Uhr:**
Köln. Opel als Erster vor dem Hotel Kaiser Wilhelm am Hansaring. Gutknecht eine Minute nach ihm. Etwas rohes Fleisch und Milch, Bescheinigung – weiter!
15 Mann sind im Ganzen noch auf der Bahn. Fritz Opel fährt und rechnet: Bis Köln habe ich 23 Stunden 24 Minuten gebraucht – 25 Stunden 45 Minuten gelten als kürzeste Zeit.
Das schafft bei diesem steifen Gegenwind kein Mensch. Ich habe dieses Jahr 29 erste, 19 zweite und drei dritte Preise geholt. Gutknecht soll immer 30 Sekunden hinter mir sein. Nur nicht wieder umschauen!

**9:25 Uhr:**
In Cleve klingt ihm in endlosem Jubel sein Name entgegen. Seine weiße Mütze, sein blonder Schopf, das junge Gesicht leuchten und lachen. *»Der Kaiserpreis ist mein!«*

**9:32 Uhr:**
Er fährt durch die Triumphpforte der Stadt als Sieger mit 27 Stunden 50 Minuten ein und springt lachend vom Rad. Matt und still kommt Gutknecht eine halbe Minute später ins Ziel.
Als Fritz nach zwei Tagen mit dem Achtuhrzug heimkam, hat ihn der Rüsselsheimer Radfahrverein geschlossen abgeholt.

▲ Joseph Fischer 1896 auf einer Opel-Rennmaschine hinter Viersitzer-Führung auf einem Opel Quadruplet.

▼ Postkarte mit dem Sieger Fritz Opel.

▲ Rüsselsheimer Radsportverein. Links mit weißer Mütze Carl Opel.

Adam Opel hat sogar auf dem Bahnsteig eine kurze Rede gehalten, die einzige seines Lebens. Der Distanzsieger bezieht das Technikum Mittweida. Im nächsten Jahr fährt er nebenbei Radrennen und ist der Beste aller deutschen Fahrer; Fritz holt auch in Wien erste Preise und startet Ende August in Mailand. Anfang September stirbt sein Vater.

Fritz Opel will sich später als Maschineningenieur dem Kraftwagenbau widmen, dem man allenthalben in Deutschland bereits mehr Interesse zuwendet als dem Radsport.

Doch im Familienrat, in dem die Mutter testamentarisch Stimmenmehrheit hat und die Brüder Carl und Wilhelm als Firmenteilhaber sitzen, wird beschlossen, dass er auch 1897 wieder Radrennen fahren soll.

Er holt zwar 13 erste Preise, ist aber nicht mehr mit dem Herzen dabei; seine ganze Liebe gehört den fauchenden Motorkutschen, die man jetzt durchs Land knattern sieht.

Dennoch ist er, gehorsam dem Befehl des Familienrates folgend, noch oft in den Fahrradsattel gestiegen, hat auch am 7. August in Bremen die 100-Kilometer-Meisterschaft von Deutschland gegen 28 Bewerber überlegen gewonnen, aber am Ziel sofort erklärt:

*»Das soll der letzte Siegespreis und mein letztes Rennen gewesen sein!«*

Mit diesem festen Entschluss trat Fritz Opel ab von der Rennbahn; er wollte nicht wie Meister Lehr und andere Größen in den Augen der Menschen langsam von Stufe zu Stufe seines Ruhmes sinken.

*»Entschieden war in ihm der beste deutsche Herrenfahrer zu erblicken! Binnen vier Jahren errang er 176 erste, 70 zweite und 41 dritte Preise, dazu den Meistertitel Basel–Cleve, beste Beweise für seine große Leistungsfähigkeit und zähe Ausdauer«*, rühmt ihm die Zeitschrift »Radwelt« nach.

In diesen Jahren wird von Rüsselsheim aus fast der gesamte deutsche Rennsport mit Rennmaschinen versorgt. Hinsichtlich der Fahrräder ist der Name Opel in aller Munde, nicht nur durch das Fabrikat, sondern auch oder gerade wegen der Erfolge der fünf Söhne Adam Opels im Radrennsport. In einer Firmenchronik sind deren Siege und Auszeichnungen gewürdigt:

Carl, der Älteste, gewinnt in den Jahren 1889 bis 1892 ca. 60 erste Preise, darunter die Meisterschaft von Hessen. Der zweite Sohn, Wilhelm, ungefähr zur gleichen Zeit 70 Preise, darunter ebenfalls die Meisterschaft von Hessen und die Meisterschaft von Mähren.

Heinrich, der Dritte im Bunde, erringt zwischen 1892 und 1896 etwa 150 Preise, darunter die Meisterschaft von Hessen sowie zehn weitere Meisterschaften.

◄▼ »Halbracer Wien-Berlin« 1895. Im Zuge der Modellpflege ist die Nackensteuerung der präziseren und zuverlässigeren Lenkrohrsteuerung gewichen, deren Prinzip noch heute zum Einsatz kommt. Das Rad wiegt etwa 15 Kilogramm und kostet 540 Mark.

◀ Victoria-Blitz-Renntandem aus dem Jahre 1895.

◀◀ Die Opel-Vorderradgabel war als »unzerbrechlich« patentiert.

Der nächste der Söhne, Fritz, tritt am häufigsten auf der Rennbahn auf und muss neben seinem älteren Bruder Heinrich zu den bedeutendsten und bestveranlagten Radrennfahrern jener Jahre gezählt werden. Er gewinnt im Verlauf seiner sportlichen Karriere neben der Hessischen Meisterschaft etwa 180 Preise, darunter viele weitere Meisterschaften.
Als bedeutendster Erfolg ist sein Sieg im Jahre 1894 bei der schon erwähnten Fernfahrt »Basel–Cleve« zu nennen.
Auch der jüngste der fünf Opel-Brüder, Ludwig, wird Hessenmeister und erringt in den Jahren 1896 bis 1898 neben zahlreichen Meisterschaften ca. 100 Preise. Eine große deutsche Zeitschrift schreibt in jenen Tagen als Schlusssatz eines Artikels über die Brüder Opel:
*»Der Name der Brüder Opel als Rennfahrer ist allgemein bekannt. Ihr liebenswürdiges und bescheidenes Auftreten hat ihnen ebenso rasch die Sympathien aller Sportskameraden erobert, wie die Opel-Fahrräder selbst am Weltmarkt sich ihren altbewährten vorzüglichen Ruf geschaffen haben.«*

# HÖCHSTEN KOMFORT VERSPRICHT DIE EINFÜHRUNG DES PNEUMATIC-REIFENS

Die gewaltige Entwicklung, die die Fahrradindustrie gegen Ende des 19. Jahrhunderts nimmt, wäre nicht möglich ohne die Erfindung des Luftgummireifens, auch Pneumatic genannt. Werden in den ersten Jahren der Fabrikation die Fahrräder noch mit dünnen, massiven Gummireifen ausgestattet, so treten an deren Stelle im Jahre 1890 dicke Gummireifen, die in der Mitte hohl und dadurch etwas elastischer sind als die Vollgummireifen. Dafür aber auch wesentlich schwerer und viel teurer.

Durch die Einwirkung der Unebenheiten der Fahrbahn sind die Fahrräder unaufhörlich Stößen und Vibrationen ausgesetzt, sodass die Benutzung manchem Liebhaber bald gründlich verleidet wird. Von der übermäßigen Beanspruchung aller mechanischen Teile ganz abgesehen.

Da tritt der Gedanke in Erscheinung, die sich durch die Straße ergebenden Erschütterungen durch Umlegung der Räder mit luftgefüllten Schläuchen zu dämpfen.

Der irische Tierarzt John Boyd Dunlop ist es schließlich, der im Jahre 1888 den ersten Luftreifen für Fahrräder entwickelt und nach zahlreichen Experimenten dem Pneumatic-Reifen eine für den praktischen Gebrauch nutzbare

▲▶ Umschlagseiten des Opel-Fahrrad-Kataloges von 1894.

▶ Reifenauswahl 1894, Wulstreifen von Continental und Excelsior, Drahtreifen von Dunlop und Michelin.

# OPEL.

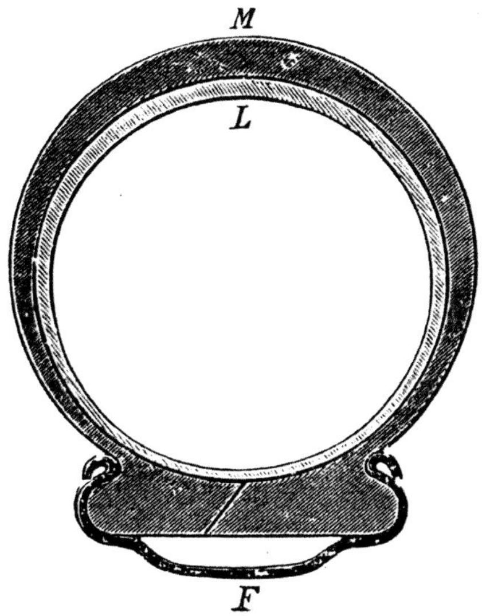


Continental.

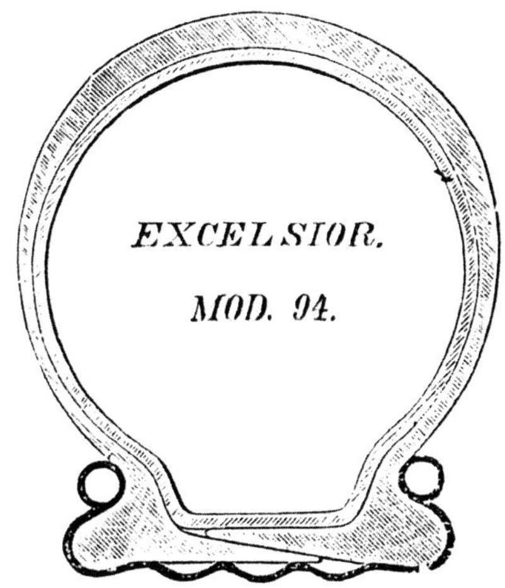


Excelsior.

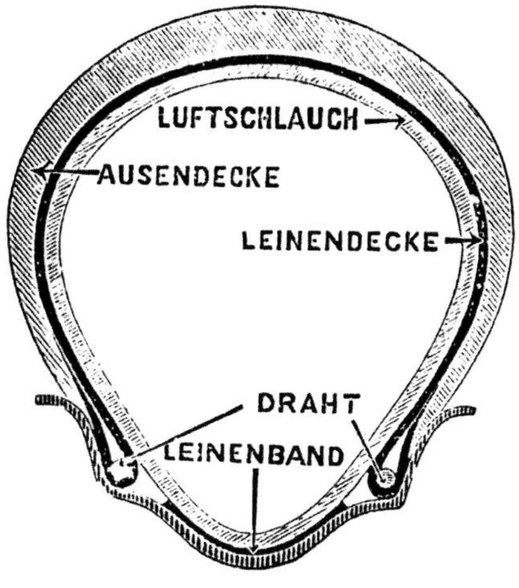


Dunlop.

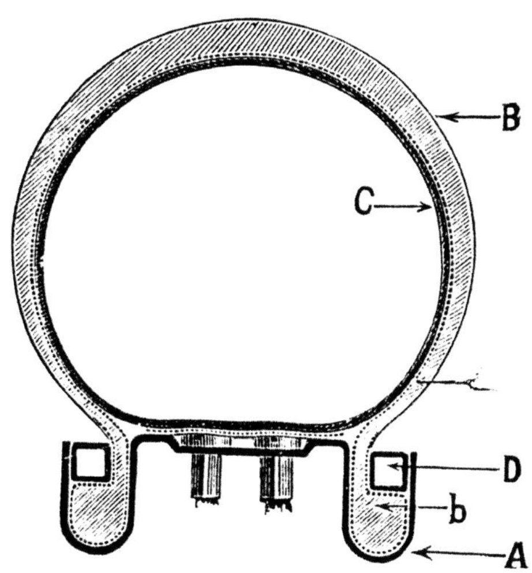


Michelin.

Vollgummi
einfache Felge
bis 1890
Vollgummi
doppel-Hohlfelge
bis 1890
Cushion Tyre
1890-91 - 1894
Clincher
1891-1892
Michelin Wulst
mit
Drahtbefestigung
1891 - 1892
Dunlop geklebt
1891-1893
Continental Wulst
Vo1892 ab
Dunlop Draht
v 1893 ab

Gestalt verleiht. Dunlop beklebt die Felgen seines Rades mit Schläuchen, die er sich aus Gummistreifen der in Belfast ansässigen Firma Thornton selbst herstellt. Mit diesen Reifen legt er in den folgenden Jahren fast 5000 Kilometer zurück.

Sein Fahrrad existiert übrigens noch heute und ist eine der viel bestaunten Sehenswürdigkeiten im Museum von Belfast.

Obwohl heute meist dem 1840 geborenen J. B. Dunlop die Erfindung des pneumatischen Reifens zugeschrieben wird, wurde der erste luftgefüllte »Caoutchouc«-Reifen schon von dem Schotten Robert William Thompson hergestellt.

▲ Fahrrad-Expedition 1899, rechts Ludwig Opel.

◄ Die Entwicklung des Reifens.

◄◄ Fritz Opel auf Michelin-Pneumatics.

Entsprechende Patente, die auf die Jahre 1844 in Großbritannien, 1846 in Frankreich und 1847 in den USA zurückgehen, belegen das eindeutig – nur waren diese Patente alle für die Bereifung von Kutschenrädern gedacht.

So gilt Dunlop zu Recht als der Pionier der Luftreifen im Radsport, und seiner Erfindung ist es zuzuschreiben, dass der bis dahin unbekannte junge englische Rennfahrer William Hume am 18. Mai 1889 die gesamte auf Vollgummireifen startende englische Elite während eines Bahnrennens sensationell besiegen kann. Ein Erfolg, der den Luftreifen schlagartig bekannt machte. Trotz anfänglicher Skepsis, die Reifen könnten

# Opel-Räder

**sind Allen voran!**

## Größter Erfolg der Welt.

August Lehr in Frankfurt a. M. schlug gestern Abend Sportplatz Leipzig 13–14 August 1893.

## Den Weltrecord

**der Engländer und Franzosen**

## auf Deutschen Opel-Rover

10 Kilometer in 14 Min. 34 Sec. (bisher 14 Min. 43 Sec.)

**Bundestag-Erfolge auf**

## Opel-Rädern.

Niederrad Meisterschaft 1000 M.

Hochrad Meisterschaft 10,000 M.

Niederrad-Hauptfahren, Preis der Stadt Leipzig 500 Mk.

Hochrad Meisterschaft 1000 Meter.

Niederrad Meisterschaft 10,000 Meter.

Kaiserpreisfahren 4000 Meter

Niederrad-Vorgabefahren

und viele I. II. und III. Preise:

d. i. beispiellose Erfolge.

**Opel-** **Fahrräder die besten und berühmtesten in Deutschland.**

**Allein in Leipzig beim Generalvertreter**

## P. Rowald, Töpferplatz.

▲ Auch die Hochräder gab es bald mit Luftbereifung. Rechts Carl Opel.

durch Überhitzung explodieren, überwiegen schließlich ihre Vorteile: leichter Lauf, deutlich verbesserte Federung und eine enorme Gewichtsersparnis.
Spätestens als kurz darauf von dem Iren R. J. Mecredy mithilfe des Pneumatic-Reifens ein neuer Stundenweltrekord für Niederräder gefahren wird, ist Dunlops Erfindung in aller Munde. Mit ihr erhält die gesamte Fahrradindustrie einen wesentlichen Impuls.
Diesem Fortschritt kann sich natürlich kein Fahrradhersteller auf Dauer verschließen, und

einer der Ersten, die in Deutschland die Lieferung von Fahrrädern mit Luftreifen anbieten, ist Adam Opel.

Schon kurz nachdem der Pneumatic bekannt wird, unternimmt Wilhelm Opel eine Informationsreise nach Großbritannien, um sich vor Ort ein eigenes Bild über die Bedeutung des Luftreifens für den Fahrradbau zu verschaffen.

Kurze Zeit später bringt die französische Firma Michelin & Co. ebenfalls einen Pneumatic auf den Markt. In Rüsselsheim ist man sich noch nicht ganz im Klaren darüber, ob dem geklebten Dunlop-Pneu oder dem Pneu der Firma Michelin in Clermont-Ferrand die Zukunft gehören wird.

Der geklebte Dunlop hat in der Mitte einen Luftschlauch und um diesen zwei Leinwandmanschetten. Mit einer dritten Manschette wird er auf den Stahlfelgen gehalten. Reparaturen sind sehr langwierig und nehmen mehrere Tage in Anspruch.

▼ Herrenrad um 1892.

▲ Italienfahrt 1892.

Im Gegensatz dazu hat der von Michelin hergestellte Reifen einen Luftschlauch und einen Gummimantel, der durch zwei große Drahtringe auf den Radfelgen befestigt ist. Zur Reparatur des Luftschlauches muss man nur einen Drahtring lösen und den Deckmantel aus der Felge herausnehmen.

Kurze Zeit später, nachdem sich die Wünsche und die Erfahrungen in der deutschen Reifenindustrie geklärt haben, kommen die deutschen Firmen Continental, Excelsior und die Peters-Union mit den wegweisenden Wulstreifen auf den Markt, denen bald auch Dunlop mit einem ebenfalls leicht demontierbaren praktischen Luftreifen folgt. Die Möglichkeit einer einfachen und schnellen Reparatur, wie sie nur die Michelin-Pneumatics bieten, veranlasst schließlich Adam Opel, sogar die Vertretung der französischen Firma für Deutschland zu übernehmen.

# DER SIEG DER RADLERIN

*Sie reiten natürlich, meine Gnädigste!«*
*– »Augenblicklich nicht, ich radle, Exzellenz.«*
*– »Sie radeln?!«*
*– »Ich radle! Jawohl, und mit dem größten Vergnügen!«*
*– »Aber gnädigste Gräfin, ich verstehe Sie nicht – wo Sie den ganzen Marstall voller Pferde ...«*
*– »Und doch ziehe ich das Rad noch vor! Aber bitte, Exzellenz, vergessen Sie Ihre Schildkrötensuppe nicht.«*
*– »Also, Sie radeln«, sagte die Exzellenz und löffelte von neuem die Turtle-Soup, »darüber müssen Sie einmal erzählen.«*
*– »Von Herzen gern – ich mache es eben jeder Prinzessin nach, ich ziehe das Rad meinem Pferd vor.«*
*– »Aber warum?«, Exzellenz brach nachdenklich eine Kümmelstange.*
*– »Weil man mehr davon hat, weil es bequemer, dankbarer ist.«*
*– »Auf die Gefahr hin, mir Ihren Zorn zuzuziehen, meine gnädigste Gräfin, aber wenn ich Ihr Herr Gemahl wäre, ich erlaubte es nicht.«*

▶ **Frau in Hose, 1898:** *»Eine Frau, die sich in einem solchen Kostüm produziert, hat ihre Schamhaftigkeit, den Schmelz der Seelenreinheit bereits dahingegeben.«*

*– »Und weshalb nicht, Exzellenz?«*
*– »Ja, sehen Sie, hier bei uns in Berlin ist es schon gefährlich, und nun Sie – so allein – auf dem Lande! Sie riskieren ja jeden Augenblick Strolche!«*

Diese Stelle ist ein Zitat aus der Fachzeitschrift »Die Radlerin« aus dem Jahre 1897, herausgegeben von Josa Matzner Edle von Heilwerth. Das Zitat macht deutlich, wie sehr das Radfahren in jenen Jahren noch Sache der »oberen Zehntausend« ist und welches Staunen, ja Entsetzen eine Rad fahrende Frau auslöst. Der Kampf der Radlerin für ihren Sport ist ein erster großer Schritt zur Verselbstständigung der modernen Frau.

Das Radeln mit den unzweckmäßigen Röcken von anno dazumal, die sich beständig um die Pedale wickeln, in Kettenrad und Speichen wehen, ist nahezu unmöglich. Da beginnen die ersten modernen Frauen eine revolutionäre Tat – etwas Unverzeihliches für die herrschenden Sitten und Gebräuche –: Sie ziehen Hosen an. Es sind Pumphosen von einer Weite, die von den Beinen der Frau so wenig erahnen lassen wie die Hosen einer türkischen Haremsdame.

OPEL
Die Siegerin.

# Opel-Flora I.

**Modell 1895.**

▲ Opel-Flora I hieß das Opel-Fahrrad für die Dame. Es kostete 1895 stolze 520 Mark.

▶ Opel-Flora II war das Mädchenrad, das Adam Opel ab 1894 in sein Produktprogamm aufgenommen hatte. Je nach Ausstattung und Bereifung war es für 240 bis 320 Mark zu haben.

# Opel Flora II.

Aber trotzdem gibt es viele Stimmen, die diesen Hosen tragenden Frauen »Schamhaftigkeit« und »Seelenreinheit« absprechen.

Die Radlerinnen schließen sich vielfach zu Vereinen zusammen, von der »Vereinigung Rad fahrender Ehepaare Deutschlands« bis zu jenem holländischen Verein behoster Radfahrerinnen, der sich das Motto des berühmten britischen Hosenbandordens ausleiht: »*Honni soit qui mal y pense*«, was so viel bedeutet wie »*Schlecht ist, wer Schlechtes dabei denkt*«.

Selbst im sportbegeisterten England hält man es für nötig, Rad fahrenden jungen Mädchen Anstandsdamen mitzugeben. Und weil sich die üblichen Ballmütter zum Radeln wenig eignen, wird ein neuer Berufsstand geschaffen: »The Chaperon Cyclists Association«. Diese radelnden Anstandswauwaus müssen verheiratet, Witwen oder Damen von »gesetztem« Alter sein. Sie haben Zeugnisse von Pfarrern, Staatsbeamten und Damen der Gesellschaft vorzuweisen. Damit ist dann ausreichende Garantie für die Anständigkeit der Radpartie gegeben.

Zudem sind für Radtouren in die freie Natur drei Gegenstände obligatorisch: eine Peitsche gegen Hunde, ein Revolver gegen »Strolche« und ein zusammenlegbares Fernrohr zum Bewundern der schönen Aussicht.

Die Radfahrerinnen siegen schließlich, wie das die Frauen schon zu allen Zeiten getan haben, mit Anmut und weiblichem Liebreiz. Bei den Vereinsfesten der Radfahrerbünde erscheint so beispielsweise die Damenriege als Tauben kostümiert im Korso, gefolgt von der zu Edelfalken verwandelten Herrenriege. Zarte lila Seidenbänder verbinden dabei symbolisch-sinnig das weibliche und das männliche Rad.

▶ **Zeitgenössische Ratschläge an die Radlerin:** ***»Die Unterkleidung sei unter allen Umständen Wolle, und Handschuhe sind rätlich. Der Rock ist seines soliden Aussehens wegen der Hose vorzuziehen ... «***

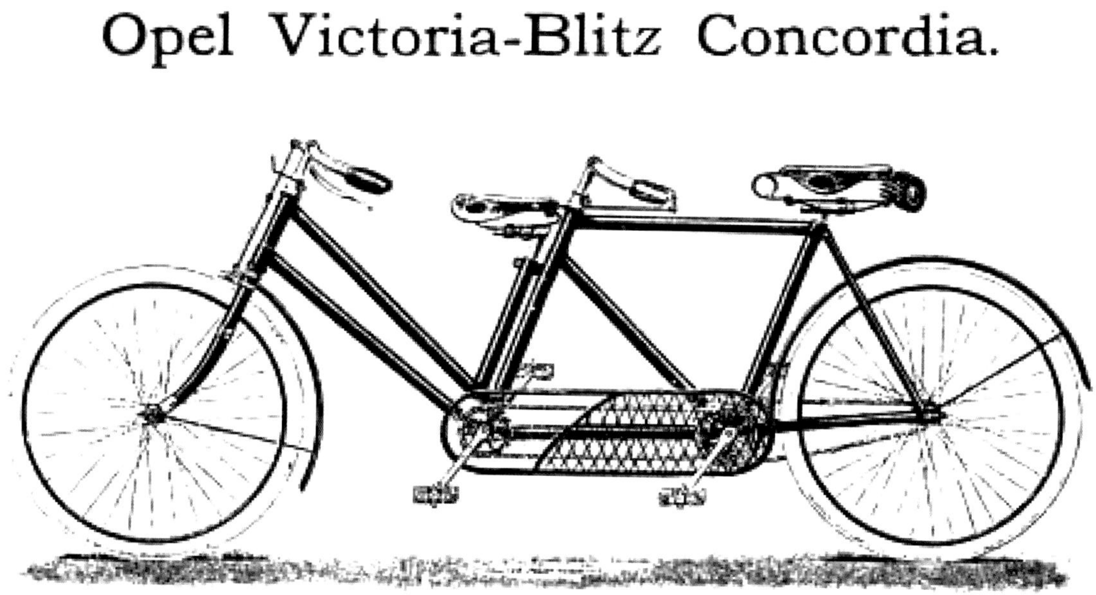


▲ Auch beim Bau des Tandems wird an die Radlerin gedacht. Victoria-Blitz Concordia von 1896.

▶ Trotz aller Bedenken, der Vormarsch der Radlerinnen ist nicht aufzuhalten: Bereits am 24. September 1892 findet auf der Radrennbahn in Berlin-Halensee das erste Damen-Radrennen Deutschlands statt.

Es radeln Walküren und in Bärenfell gekleidete Wotan-Jünger. »Germania« persönlich fehlt niemals bei patriotischen Anlässen, ebenso wenig wie der unvermeidliche Lohengrin mit Schwan. Es ist die romantische Zeit des Radfahrens. Besonders begeisterte Anhänger heiraten sogar zu Rad, gehen auf Weltfahrten, radeln auf Tigerjagd oder springen mit dem Rad am Fallschirm von Balkons ab. So lächerlich uns vielleicht solche Sensationen heute erscheinen, sie tragen in jenen Jahren dazu bei, das Rad volkstümlich zu machen. Das heftige Aufeinanderprallen der verschiedenen Weltanschauungen von Alt und Jung und die öffentliche Diskussion darüber ist die beste Werbung. Wie das zarte Geschlecht in eine fesche Rad-Amazone zu verwandeln ist, schildert 1886 ein Herr Sanitätsrat in der Zeitschrift »Gartenlaube«:

»*Die Unterkleidung sei unter allen Umständen Wolle. Ein Schleier schütze das Gesicht gegen Sonnenbrand, und Handschuhe sind rätlich. Der Rock ist seines solideren Aussehens wegen meist der Hose vorzuziehen. Das fortwährende Hochfliegen des Rocks bei dem geringsten Windzug und das gefährliche Verwickeln des Kleids in den Pedalen kann durch einen neu patentierten Kleider-Raffer vermieden werden. Gegen Ohnmachtsanfälle sei die Mitnahme von scharfem Essig und englischem Riechsalz empfohlen. Recht ernstlich muss man vom vielen Trinken abraten, man lerne den Durst zu bezähmen. Während der Fahrt soll man ein paar grüne Blätter zwischen den Zähnen behalten und den Speichel damit sammeln. Ist die Hitze recht groß, so kann man mit großem Vorteil den Durst löschen, indem man eine dünne Schnitte rohen Rindfleischs gut gesalzen auf der Zunge liegen lässt. Ihr sollt sehen, Ihr Frauen und Mädchen, wenn Ihr nach Haus kommt und vor den Spiegel geht – wie Ihr blutjung geworden seid! Nach der ersten Woche neunzehn Jahre, nach der zweiten achtzehn. Wenn's so fortgeht, denkt doch nur, langt Ihr wieder bei dem unvergesslichen Backfisch-Alter an. Was hat man nicht jahrelang für ein Leben geführt, man hat nicht springen, laufen, jagen dürfen, man ist Dame, Fräulein, Frau gewesen, ein Ding ohne bewegliche Gliedmaßen, aufrecht, gemessen und gezirkelt, in einen Schlepprock verpuppt, höchstens zum Knicksen abgerichtet.*«

Opel
Sieger
WIEN BERLIN

# VOM FAHRRAD-BOOM ZUR FAHRRAD-KRISE

Durch das richtige Gespür für das technisch Machbare in Verbindung mit dem Weitblick für das, was der Kunde von morgen wünscht, hat Adam Opel gegenüber der Konkurrenz nicht selten die Nase vorn. Die frühe serienmäßige Verwendung von Kugellagern und Luftreifen trägt dazu ebenso bei wie die frühzeitige Aufgabe der Hochradproduktion. Die Gefahr des Fahrens auf dem Hochrad bleibt

◀ **Opel-Victoria-Blitz-Renntandem. Mit diesem Modell stellen Heinrich Opel und Otto Beyschlag im Sommer 1893 in Österreich-Ungarn den ersten Weltrekord auf einem Tandem auf. Sie fahren die 500 Meter in 38 Sekunden.**

▶ **1896 verleiht der Chemnitzer Radfahrer-Verein Fritz Opel dieses Ehren-Diplom.**

niemandem verschlossen, und darüber hinaus zeigt sich das Niederrad insbesondere durch die Verbesserung des Kettenmechanismus dem Hochrad gegenüber deutlich im Vorteil.

Opel stellt daher bereits 1892 den Bau von Hochrädern ein. Auch die Produktion der Blitz-Maschine, die für zwei bis drei Jahre den Hauptfabrikationszweig gebildet hatte, wird aufgegeben; stattdessen wird das Victoria-Blitz hergestellt. Im Wesentlichen gleichen sich die Systeme, nur hat das Victoria-Blitz nicht mehr die Nackensteuerung, sondern die heute noch gebräuchliche Lenkrohrsteuerung.

All dies trägt dazu bei, dass Opel schon bald der stetig steigenden Nachfrage nach Fahrrädern nicht mehr gerecht werden kann. Insbesondere die Zulieferindustrie hat Probleme, die gewünschten Teile fristgerecht herbeizuschaffen. Nicht zuletzt deshalb nimmt Opel 1892/93 die Produktion eigener Ketten auf und beliefert kurz darauf sogar andere Fahrradhersteller damit. Doch die sprunghaft gestiegene Nachfrage auf dem Fahrradmarkt kann trotz aller Bemühungen nicht gedeckt werden.

*»Die Kettenfabrikation geht lustig vorwärts und sind die Ketten wunderschön ...«*, schreibt

Ehren-Diplom
Herrn
Fritz Opel, Rüsselsheim
z. St. in Mittweida
urkunden und bekennen wir hiermit,
daß wir ihm in dankbarer Anerkennung seiner Verdienste
um unsern lieben Sport im Allgemeinen und
um unsere Rennbahn im Besonderen
gegenwärtiges
Ehren-Diplom
verliehen haben.
Chemnitz 5. Juli 1896.
Chemnitzer Radfahrer-Verein
Albin Jülich
All Heil!

Carl seinem Bruder Wilhelm 1893 nach Chicago, wo dieser sich einen Überblick über den Fortschritt der amerikanischen Fahrradfertigung verschaffen soll. In dem Brief heißt es weiter: »*Es wird fleißig gearbeitet bei der Fahrräderfabrikation und trotzdem wird nicht genug fertig. Du machst Dir keinen Begriff, wie groß der Andrang im Geschäft war, noch niemals ist es so gewesen, ich kann Dir nur sagen, dass ich in den ersten Jahren so keine Not um Materialien hatte wie dieses Jahr.*«
Deshalb rät er Wilhelm auch ab, in Amerika neue Kunden zu werben und zusätzliche Bestellungen von Fahrrädern entgegenzunehmen. Trotz einer täglichen Arbeitszeit bis 22.00 und 23.00 Uhr sowie beinahe jährlichen Erweiterungen der Fabrikationsanlagen kommt man nicht auf die Stückzahlen, die am Markt abzusetzen wären. Es fehlen leider viel zu oft die erforderlichen Bauteile der Zulieferindustrie. Hatte die Opel-Produktion 1889, zu Beginn des Fahrrad-Booms, noch 1200 Stück betragen, so konnte sie bis 1892 verdreifacht werden. Am 1. März 1893 gründet Heinrich Opel zusammen mit seinem Freund und Sportskameraden Otto Beyschlag in Wien die Firma Opel & Beyschlag, die die Generalvertretung des Hauses Opel für Österreich und Ungarn übernimmt. Beide sind Mitglieder im Wiener Bicycleclub und stellen im Sommer 1893 auf einem Opel-Victoria-Blitz-Renntandem den ersten Weltrekord in Österreich-Ungarn auf: Sie bewältigen die 500-Meter-Distanz in nur 38 Sekunden.
Als Adam Opel zwei Jahre später stirbt, tritt Heinrich Opel aus der Wiener Firma aus und kehrt nach Rüsselsheim zurück. Otto Beyschlag ist jetzt Alleininhaber der Firma O & B in Wien. Der gelernte Mechaniker popularisiert das Fahrrad unermüdlich. In vier eigenen Radfahrschulen macht er das Velociped in seiner Region gesellschaftsfähig. Zudem regt seine »Erste Wiener Räder-Vermietung« weite Kreise zur Benutzung dieser schnellen Fahrmaschinen an.

▲ Niederräder am Start im Velodrom Schweinfurt 1893.

▶ Der jüngste der fünf Opel-Brüder, Ludwig, im Jahre 1898.

Ludwig Opel Rüsselsheim

◄ Willy Arend, Sprintweltmeister 1897 über eine englische Meile. Er geht mit diesem Sieg als der erste Profi-Weltmeister des deutschen Radrennsports in die Geschichte ein. Die Europa-Meisterschaften 1897, 1898 und 1901 sind weitere Höhepunkte in der sportlichen Karriere des Deutschen. 1898 hat er alle Chancen, die Weltmeisterschaft der Berufsfahrer ein weiteres Mal zu gewinnen, als er in Führung liegend in der letzten Kurve stürzt und sich schwer verletzt.

Arend, hier mit einer Opel-Rennmaschine, die mit etwa 9 Kilogramm Gewicht noch einmal um 25 Prozent leichter ist als der beliebte Distance Racer Modell III, siegt selbst im Alter von 45 Jahren (1921) noch in der Deutschen Profi-Sprintermeisterschaft und bleibt bis zu seinem 50. Lebensjahr aktiver Radrennfahrer. Arend gilt als einer der besten und beliebtesten Radsportler seiner Epoche.

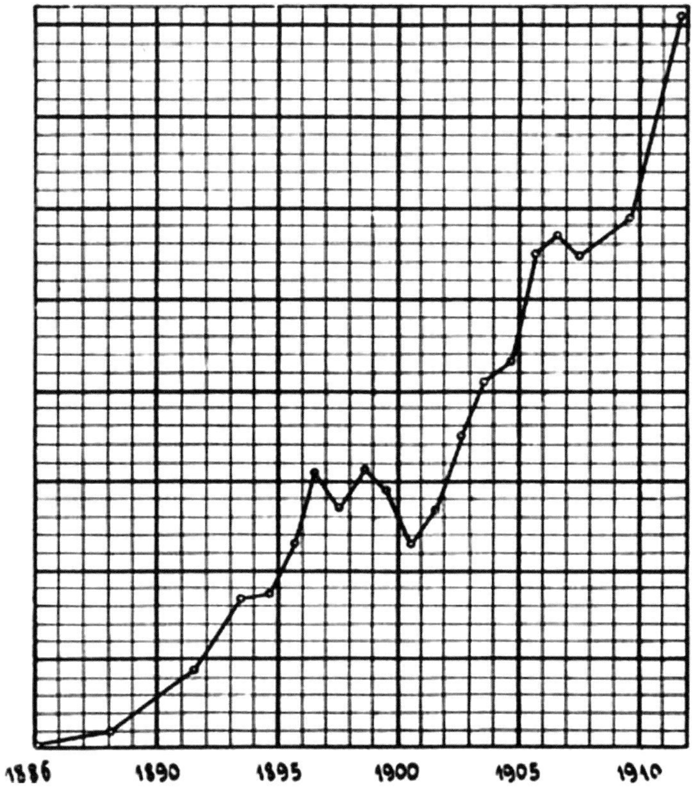


▲ Fahrradabsatz: Deutlich zu erkennen ist der Einbruch 1899. Opel reagiert mit der Aufnahme des Automobilbaus.

Als das Werk in Rüsselsheim 1899 die Fabrikation von Motorwagen und 1901 von Motorrädern aufnimmt, werden auch diese Produkte von Beyschlag vertrieben. Die noch heute existierende Wiener Firma feierte 1993 ihr 100-jähriges Firmenjubiläum.

Das Fahrrad hat sich mittlerweile zu einem vollwertigen Verkehrsmittel entwickelt. Die Hochräder sind fast gänzlich von der Bildfläche verschwunden, Niederräder sind an ihre Stelle getreten. Doch auch an diesen ist die Entwicklung nicht spurlos vorübergegangen. So wird beispielsweise bei der Rahmenfertigung immer mehr den praktischen Anforderungen Rechnung getragen und gleichzeitig darauf geachtet, den gestalterischen Ansprüchen der Kunden zu entsprechen.

Anfangs verband beim Niederrad gewöhnlich eine einzige Stange das Vorder- mit dem Hinterrad. Aus dieser Stange wurde bald ein mehrarmiger Rahmen, der im Laufe der Jahre weiteren Änderungen unterworfen war.

Neben optischen Gründen sind es in erster Linie Verbesserungen der Stabilität, die bereits 1895 dazu führen, ergänzend zur bis dahin einfachen, geneigten Rahmenstange, den Rahmen oben mit einer weiteren, horizontalen Verbindungsstange zwischen Lenk- und Sattelrohr zu versehen. Die sich ergebende Rautenform (engl. *diamond*, daher der deutsche Begriff »Diamantrahmen«) ist von besonders großer Steifigkeit im Verhältnis zum Materialgewicht. Damit wurde dem Rahmen und darüber hinaus dem ganzen Fahrrad eine Gestalt verliehen, die man bis heute im Wesentlichen beibehalten hat.

Die Fahrradmodelle der Jahre 1894 und 1895 zeigen bereits den neuen Rahmen. Herausragend dabei ist das Modell »Opel-Chicago-Blitz«;

◄▲ Im Jahre 1900 rüstet Opel die Tourenmaschine No. 10 mit diesem Kettenblatt aus. 28"-Laufräder, modernster Rahmenbau aus ovalen Mannesmann-Rohren, »wodurch der Rahmen eine außerordentlich große Stabilität erhält«, heißt es im Katalog. Und weiter: »Vernickelte Tangentspeichen, hochfein polierte Kugellager, 200 Mark.«

ein modernes Rad, das mit Dunlop-Pneumatic-Reifen und Kettenschutz mehr als 600 Mark kostet.

Noch immer sorgen die jedes Jahr wiederkehrenden Erfolge bei Bahn- und Straßenrennen sowie Prämierungen auf internationalen Messen und Ausstellungen für eine ungebrochene Nachfrage nach den Rüsselsheimer Produkte. Ihre immens große Verbreitung im In- und Ausland macht permanente Vergrößerungen der Fabrikationseinrichtungen nötig. Das Opel-Rad ist das erfolgreichste Rad auf den Rennbahnen und auf der Landstraße geworden.

Besonders ragt ein Erfolg im Ausland heraus: 1897 gewinnt Willy Arend, nach August Lehr wohl einer der bedeutendsten Radrennfahrer dieser Zeit, zum zweiten Mal in England die »Meisterschaft der Welt« auf Opel. Und im selben Jahr wird auch noch die »Meisterschaft von Europa« mit einem Opel-Rad gewonnen.

Willy Arend bleibt dem Hause Opel treu und gewinnt im Jahre 1898 den mit 8000 Mark zu den höchstdotierten Radrennen zählenden »Großen Preis von Deutschland«, der in Berlin ausgetragen wird.

Doch trotz der Vielzahl von Erfolgen bleibt das Unternehmen nicht von den Umwälzungen und Schwankungen auf dem Weltmarkt verschont. Gegen Ende des 19. Jahrhunderts setzt auf fast allen Gebieten ein wirtschaftlicher Niedergang ein. Die ausländischen Märkte verschließen sich der deutschen Fahrradindustrie immer mehr mithilfe drastisch erhöhter Einfuhrzölle. So erheben die USA zum Beispiel einen Einfuhrzoll auf importierte Fahrräder in Höhe von 45 Prozent. Auch der russische Markt ist den deutschen Fahrrädern seit 1893 fest verschlossen. So bleibt als

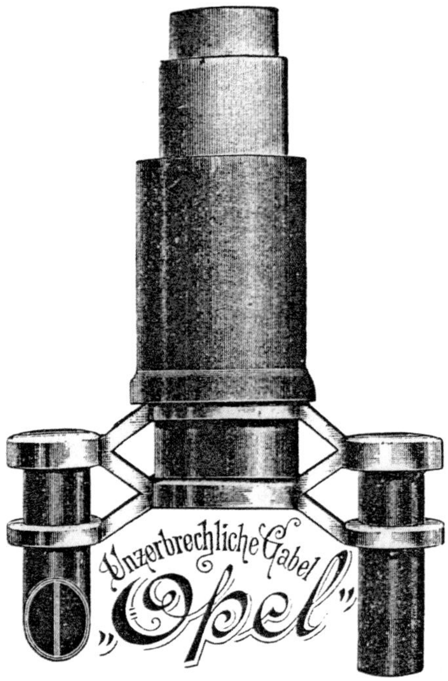


D. R. G. M. No. 59 908.

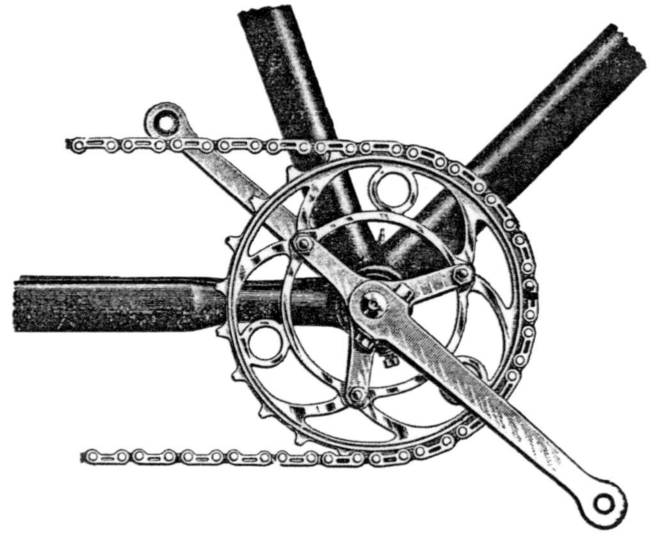

◄ **Um die Jahrhundertwende fand das Dreirad größere Verbreitung, war es doch für ungeübte und besonders auch ältere Radfahrer gleichermaßen geeignet wie für das Transportwesen. Dieses Modell lässt sich durch den Austausch des geschraubten Hinterrahmens mit wenigen Handgriffen in ein Zweirad verwandeln. Daher das mit einem Kettenblatt ausgestattete Vorderrad, das dann als Hinterrad zum Einsatz kommt.**

Absatzgebiet im Wesentlichen nur Europa übrig. Nachdem man sich aber unter dem Druck und nach dem Vorbild der internationalen, vor allem aber der amerikanischen Industrie in allen bedeutenden inländischen Produktionsbetrieben auf eine Massenfertigung umgestellt hat, wird der Markt plötzlich von Fahrrädern buchstäblich überschwemmt.

Mächtige Unternehmen, die im Zeichen der Hochkonjunktur rasch gewachsen waren, haben jetzt mit größten Schwierigkeiten zu kämpfen. Zahlreiche weniger gut fundierte oder weniger bekannte Fabriken sind gezwungen, den Betrieb einzuschränken, und wieder andere haben starke Finanzprobleme.

# II. DER WEG ZUM GRÖSSTEN FAHRRADPRODUZENTEN DER WELT

▼ Opel-Werk 1906.

# AUFSCHWUNG DURCH TIEF GREIFENDE RATIONALISIERUNG

Nach 1901 steigen die Fahrradverkaufszahlen wieder kräftig an. Mit rund 16 000 Einheiten für das Geschäftsjahr 1902/1903 kann Opel wieder an das Rekordergebnis von 1898 anknüpfen. Doch als unliebsame Folge der Absatzkrise bleiben die niedrigen Verkaufspreise bestehen, deren Wirkung auf dem Auslandsmarkt durch immer ungünstiger werdende Zollverhältnisse in den Hauptabsatzstaaten noch verstärkt wird.

Nur ganz allmählich gelingt es, durch genaueste Kalkulation sowie durch die Einrichtung immer rationellerer Fertigungsmethoden Verkaufsumsätze und Stückkosten wieder in das richtige Verhältnis zu bringen.

Für die alten Hoch- und Niederräder der Anfangsjahre wurden Preise von 400 bis 600 Mark erzielt, obwohl diese Räder im Vergleich zu den späteren Erzeugnissen der Fahrradindustrie noch verhältnismäßig unvollkommen waren. Jetzt werden für die besten, reichhaltig ausgestatteten Modelle nur noch höchstens 200 Mark bezahlt. Und das trotz bedeutend höherer Arbeitslöhne, Spesen und Kosten, trotz Verwendung besserer und teurerer Rohmaterialien.

Größerer Absatz und verbesserte Fabrikationseinrichtungen müssen jetzt ebenso den Ausfall an Gewinn kompensieren wie verminderte Allgemeinkosten und eine straffere Verkaufsorganisation. Der Versuch, die deutsche Fahrradindustrie durch eine Konvention zusammenzuschließen, um Orientierung in der Preisgestaltung zu erreichen, ist zunächst erfolgreich und für die Beteiligten ohne Zweifel von erheblichem Nutzen. Aus Sicht der Hersteller bedauerlich, ist diese Zusammenarbeit jedoch nur von kurzer Dauer.

Doch trotz all dieser Schwierigkeiten erfährt die Fahrradproduktion eine stetige Weiterentwicklung. Die günstigeren Preise tragen dazu bei, das Fahrrad immer volkstümlicher zu machen. So wird es bald zum preiswerten und unentbehrlichen Beförderungsmittel vor allem der Erwerbstätigen, der Handwerker, Geschäftsleute und Arbeiter. Die Zweckmäßigkeit hinsichtlich der praktischen Verwendung und die Betriebssicherheit und Haltbarkeit aller Teile sind jetzt bei allen Änderungen und Verbesserungen maßgebend, ohne natürlich, dem Zug der Zeit folgend, auf ein künstlerisches und gefälliges Äußeres zu verzichten.

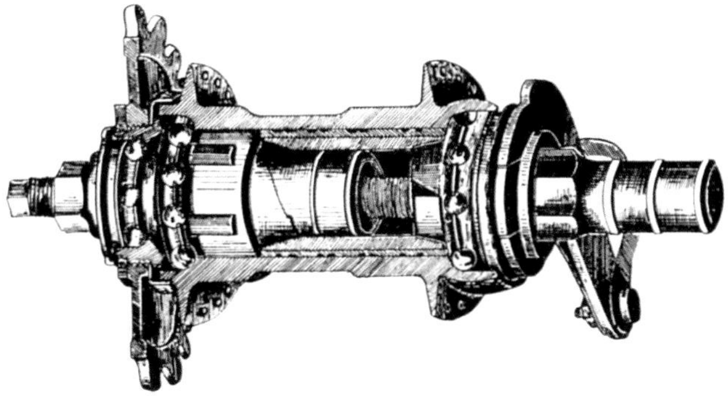

Neben der Fertigung von Herren- und Damen-Zweirädern hat man bei Opel schon im Jahre 1900 mit dem Bau von Dreirädern zu Transport- und Geschäftszwecken begonnen, um dem Fahrrad auch gewerbliche Kundenkreise zu erschließen. Die bedeutendste Neuheit in der Fahrradindustrie, die Freilaufnabe mit Rücktrittbremse, findet schnell allgemeine Anerkennung. Wegen ihrer großen Vorzüge wird sie auch bei den Opel-Fahrrädern in größerem Umfang verwendet.

Auch im ersten Jahrzehnt des neuen Jahrhunderts begegnet man den sportlichen Erfolgen der Opel-Räder. Nachdem im Jahre 1908 der Straßenfahrer Hans Ludwig die vom Deutschen Radfahrerbund zum zweiten Mal veranstaltete Fernfahrt »Wien–Berlin« auf Opel gewinnt, feiert derselbe Fahrer im Jahre 1911 einen weiteren großen Erfolg. Bei der Fernfahrt »Quer durch Deutschland« – mit mehr als 1500 Kilometern die längste aller bis dahin in Deutschland veranstalteten Radfernfahrten – geht er erneut als Sieger durchs Ziel.

Die Fahrradkrise der Jahrhundertwende ist inzwischen längst überwunden. Mehr als 30 000 produzierte Fahrräder im Jahre 1910 sprechen eine deutliche Sprache. Doch eines hat diese

▲ Opel-Transport-Dreirad aus dem Jahre 1900.

▲▶ Freilaufnabe.

▶ Hans Ludwig gewinnt 1908 die Fernfahrt Wien–Berlin und 1911 das 1500-Kilometer-Rennen »Quer durch Deutschland«.

In den Jahren 1908 und 1911 stellen die Radprofis Hans Ludwig und Hans Hartmann die Zuverlässigkeit der Opel-Rennmaschinen unter Beweis, indem sie die Distanzrennen »Wien–Berlin« erneut für die Rüsselsheimer gewinnen können.

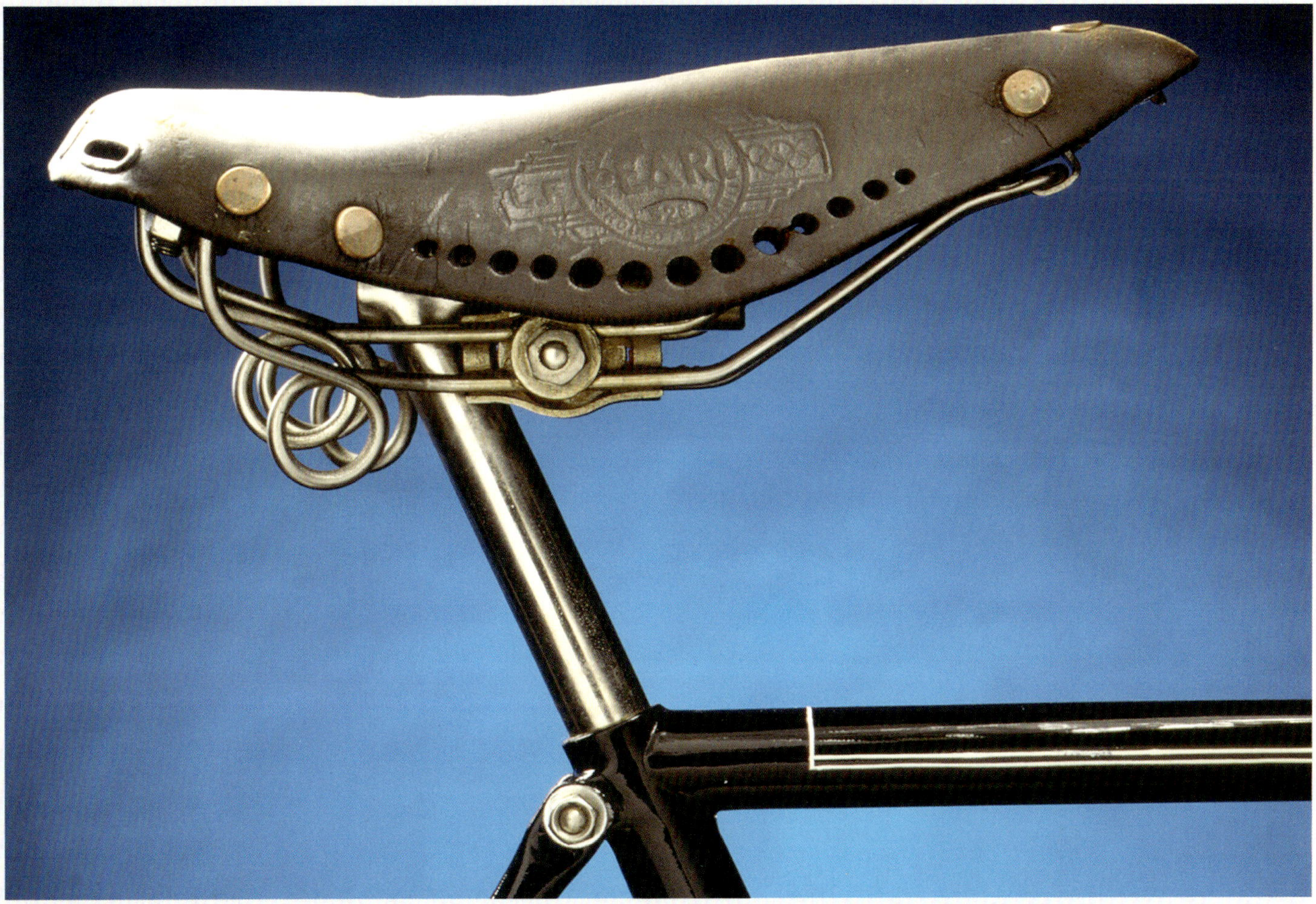

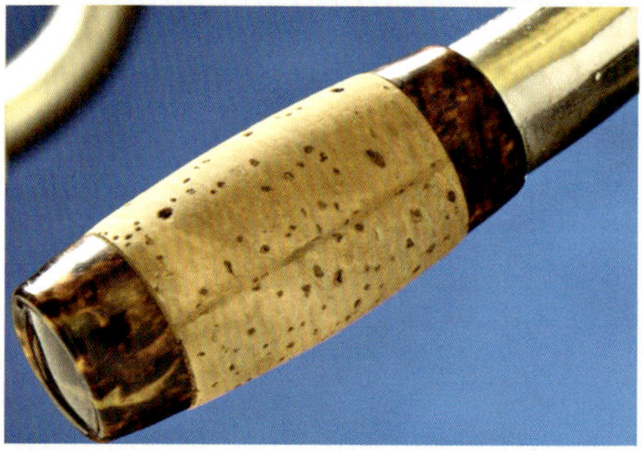

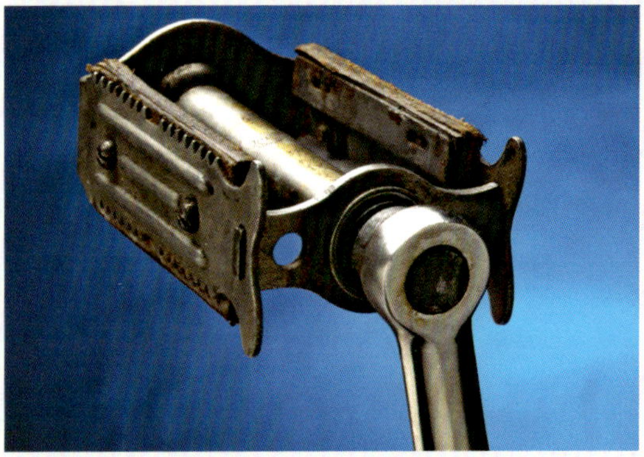

**Das Unternehmen reagiert auf diese Erfolge mit einer neuen käuflichen Rennmaschine, deren Name an die Siegesfahrten erinnern soll. Die Schriftzüge »Opel« und »Sieger Wien–Berlin« auf den Rahmenrohren sind dabei nicht gemalt, sondern aufgenickelt.**

▲ Hans Hartmann, Sieger »Wien–Berlin« 1911.

▲ Opel-Rad 1912 mit doppeltem Scheitelrohr.

Krise deutlich gemacht: Trotz des Ausgleichs durch die immer noch florierende Nähmaschinenherstellung war das Produktionsprogramm von Opel zu einseitig ausgerichtet. Daher nimmt das Unternehmen bereits 1899 mit dem Opel-Patentmotorwagen, System Lutzmann, die Herstellung von Automobilen und 1901 die Herstellung von Motorzweirädern auf.

Diese erneute Produktionserweiterung hat Adam Opel allerdings nicht mehr erlebt. Der Firmengründer stirbt bereits am 8. September 1895 im Alter von 58 Jahren an den Spätfolgen einer Typhuserkrankung, die er sich auf einer seiner Geschäftsreisen zugezogen hatte. Seinem Wunsch entsprechend, leiten von nun seine Frau Sophie sowie die beiden ältesten Söhne Carl und Wilhelm das Unternehmen. Seine drei weiteren Söhne, Heinrich, Fritz und Ludwig, sind zu diesem Zeitpunkt noch minderjährig. Und so bleibt Adam Opel auch von den schrecklichen Ereignissen der Nacht vom 19. auf den 20. August 1911 verschont: Während in Berlin die Fernfahrt »Wien–Berlin« zum dritten Mal auf Opel gewonnen wird und das Publikum den Sieger Hans Hartmann mit stürmischem Applaus empfängt, bricht in den Rüsselsheimer

▲ Kurz nach dem verheerenden Großfeuer im August 1911. Weite Teile der Fabrik fielen den Flammen zum Opfer.

◀ Der alte Teil des Werkes, in dem die Nähmaschinenherstellung und große Teile der Fahrradproduktion untergebracht sind, wird von dem Feuer fast vollständig vernichtet.

Produktionsanlagen ein Großbrand aus, der mit verheerender Geschwindigkeit das gesamte Werk ergreift. Obwohl sofort Feuerwehren aus Mainz, Darmstadt und Frankfurt zu Hilfe kommen, sind alle Anstrengungen vergebens, den Flammen Herr zu werden.

Am nächsten Morgen zeigt sich das ganze Ausmaß der Verwüstung. Was jahrelanger Fleiß mühsam aufgebaut hatte, ist in einer einzigen Nacht zerstört. Die Flammen haben die Werksbauten für Fahrräder und Nähmaschinen völlig zerstört. Ein großer Teil der Motorwagen-Werkstätten liegt ebenfalls in Trümmern. Die Produktion ist weitestgehend lahm gelegt.

Der Wiederaufbau des Werkes geschieht dann reibungsloser und schneller als ursprünglich vorstellbar. Bereits zum 50. Jahrestag der Firmengründung und im 25. Jahr nach Einführung des Opel-Rades sind die Gebäude und Werksanlagen neu aufgebaut. Schon nach wenigen Monaten ist die Fahrradabteilung in der Lage, größeren Aufträgen gerecht zu werden als jemals zuvor.

Die Produktion der Nähmaschinen wird jedoch nicht mehr aufgenommen. Aus den Trümmern des Brandes werden allerdings noch die wenigen Teile geborgen, die zum Bau der einmillionsten Nähmaschine erforderlich sind. Beide, die erste und diese letzte der im Hause Opel gefertigten Nähmaschinen, sind bis heute erhalten geblieben. Sie werden im Museum der Stadt Rüsselsheim und im Unternehmen selbst ausgestellt.

Obwohl es in der Fahrradindustrie selbst nach Einführung der Kette immer wieder Versuche gibt, diese durch andere Konstruktionen (wie

▼ Opel 1899: 1000 Mitarbeiter, 720 Hilfsmaschinen. Jahresproduktion: 25 000 Fahrräder.

Als erster deutscher Hersteller bietet Opel schon 1899 Fahrräder mit Wellenantrieb an. Dieser ist allerdings wesentlich aufwendiger und teurer als ein konventioneller Kettenantrieb. So kostet eine »Kettenlose Maschine« stolze 400 Mark. Fast bis zum Ausbruch des Ersten Weltkrieges bleiben sie im Lieferprogramm. Letztlich setzt sich allerdings der Kettenantrieb, der neben dem Kostenvorteil auch noch weniger Reibungsverluste besitzt, in der gesamten Fahrradindustrie durch.
Hier ein Modell von 1903. Die Abdeckung des hinteren Kegelradantriebs wurde demontiert.

▲▶ 1901 erscheint erstmals das Kettenblatt mit den fünf Ringen und einem zusätzlichen Lochkranz. Es ist den Modellen Luxus-Tourenmaschine No. 20 sowie Luxus-Halbrenner No. 21 und der Opel-Rennmaschine vorbehalten. Die Rahmen aller genannten Modelle besitzen eine Innenlötung. Das Gewicht beträgt je nach Modell zwischen 12 und 13 kg, der Preis beläuft sich auf 260, 300 bzw. 360 Mark.

zum Beispiel durch Trethebel-Übersetzungen und dergleichen) auszutauschen, hält man in Rüsselsheim am Kettenantrieb fest.
Erst als um 1890 die belgische Firma FN in Lüttich ein Niederrad mit einem Wellenantrieb versieht, weckt dies die Neugierde Adam Opels. Zwar hatte vor FN bereits ein anderes Unternehmen ein Dreirad damit ausgestattet, doch bei den Niederrädern kann FN für sich in Anspruch nehmen, die erste Firma gewesen zu sein, die ihren Kunden einen derartigen Antrieb offerierte. Die Franzosen ziehen 1895 nach, dann folgen die Vereinigten Staaten und schließlich auch England.
In Deutschland bietet Opel als erste Marke derartige Fahrräder an. Obwohl diese »kettenlosen Maschinen« wegen ihrer aufwendigen Herstellung verhältnismäßig teuer sind und für viele Radfahrer unerschwinglich bleiben, finden sich zahlreiche Kunden.
Keine verschmutzte oder gar zerrissene Kleidung mehr, keine rostig knarrende, quietschende Kette mehr – das hat viel für sich. So tauchen bereits im Fahrradkatalog von 1898 Räder mit Wellenantrieb auf.
Eine Beschreibung der Fahrradfertigung im Katalog von 1910, also vor dem Großbrand, dem ein Jahr später große Teile der Nähmaschinen- und Fahrradfabrik zum Opfer fallen sollten, gibt Aufschluss über den hohen Qualitätsstandard bereits vor dem Ersten Weltkrieg:
*»Die Nähmaschinen-, Fahrräder- und Motorwagenfabrik von ADAM OPEL besteht seit dem Jahre 1862. Als eine der ältesten deutschen Nähmaschinenfabriken blicken die Opel-Werke, die seit dem Jahre 1886 auch Fahrräder herstellen, auf eine erfahrungsreiche Vergangenheit von nahezu einem halben Jahrhundert zurück. In diesem Zeitraum haben die Erzeugnisse der Opel-Werke, durch jederzeit hervorragende Güte und durch sorgfältige Herstellung sich wohlbegründeten Weltruf erworben und auf dem Erdenrund Verbreitung gefunden. Unausgesetzt wurde an der Verbesserung und Vervollkommnung der Opelfahrräder gearbeitet, sodass man heute mit Recht behaupten kann, dass an Vollkommenheit die Opel-Fahrräder nicht übertroffen werden.*
*Sämtliche Teile der Opel-Fahrräder sind aus bestem, seit Jahren erprobtem Material mit peinlichster Sorgfalt und unter Verwendung der neuesten Präzisionsmaschinen der Feinmechanik und hochmoderner maschineller Einrichtungen in vollendeter Gleichmäßigkeit und musterhafter Werkmannsarbeit hergestellt.*
*Eine durch gründliche Schulung und Erfahrung ausgebildete Arbeiterschaft, die infolge streng durchgeführter Arbeitsteilung außergewöhnliche Geschicklichkeit und Sicherheit in der Anfertigung der einzelnen Teile sich erworben hat, bietet Gewähr für die hervorragende Güte und Dauerhaftigkeit der Opel-Fahrräder auch in der Zukunft. Den Ruf, den die Opel-Fahrräder genießen, verdanken sie ihrer unübertrefflichen Haltbarkeit, ihrer genauen Zusammensetzung, ihrem äußerst eleganten Aussehen, ihrem außergewöhnlich leichten und ruhigen Lauf und ihrer feinen Ausstattung.*
*Die Rahmen der Opel-Fahrräder sind ohne Ausnahme mit Innenlötung, nach neuestem Verfahren, absolut zuverlässig, versehen und mit besonderen Verstärkungen, welche die bekannte Zuverlässigkeit des Rahmens noch erhöhen.*
*Der Rahmen spielt für die Dauerhaftigkeit der Fahrräder eine hervorragende Rolle, darum wird die größte Sorgfalt auf die Wahl des besten Materials der Rohre, Lagergehäuse und Verbindungsmuffen verwendet. Bei der Bestimmung der Rohrdimensionen hat man sich von dem Gedanken leiten lassen, neben der größten Haltbarkeit den Opel-Fahrrädern eine moderne, elegante Erscheinung zu sichern.*
*Alle Herrenräder sind dem modernen Geschmack entsprechend mit kurzem Steuerrohr*

ADAM OPEL, RÜSSELSHEIM b. Frankfurt a. M.

# Fahrräder mit ovalen Rahmenröhren.

Als ein technisch werthvolles Argument will ich nicht unterlassen, die Verwendung meinerseits von **ovalen Rahmenrohren,** D.R.G.M No. 61542, im Bau meiner „Opel-Räder" hier noch besonders anzuführen, zumal **nach** den nun **mehrjährigen Erfahrungen** die **Widerstandsfähigkeit** der damit hergestellten Fahrrad-Rahmen zur Evidenz **bewiesen** ist.

Hervorragende Fachblätter haben über diesen Punkt bereits Abhandlungen in ihre Spalten aufgenommen, und namentlich der „Radmarkt" berichtete früher schon in günstigstem Sinne über stattgehabte Versuche bezüglich Feststellung der Tragfähigkeit der **ovalen Rohre.** So schreibt diese Zeitung z. B. in ihrer No. 396 vom 24. Dezember 1898:

## „Ovale Röhren im Fahrradbau."

Schon lange suchen unsere Fahrradfabrikanten nach einem Rohrquerschnitt, dessen Widerstandsmoment in Bezug auf eine gegebene Achse möglichst gross ist, jedenfalls grösser als das eines **runden** Rohres von **gleichem** Querschnitt. Schon an unseren früheren Hochrädern verwandte man deshalb ovale und façonnirte Röhren zum Rücken resp. zu den Vordergabeln. Es ist ja auch für den Techniker leicht, dem Rohre bei gleichem Querschnitt eine grössere Widerstandsfähigkeit in Bezug auf eine gewünschte Achse zu geben, nur muss er beachten, dass die Widerstandsfähigkeit in Bezug auf die zur gewünschten Achse senkrechte Achse nicht zu gering wird.

Bis jetzt verwandte man façonnirte Röhren in der Fahrradfabrikation nur zu den Vordergabeln, Unterhintergabeln und event. den Hintergabelstützrohren. Einestheils lag es wohl viel daran, dass man nur bei diesen drei Theilen bequeme Verbindungsmethoden hatte. In neuerer Zeit versucht man aber auch ovale Röhren zum Ober- und Unterrückenrohr des Fahrradrahmens zu verwenden, und zwar in einem Querschnitt, der den im Mittel 0,8 mm starken Röhren auch in wagerechter Richtung noch ein ziemlich hohes Widerstandsmoment gewährleistet. Eine Untersuchung von Röhren von rundem und ovalem Querschnitt, aber von ungefähr gleicher Querschnittsfläche, lieferte z. B. folgende Resultate:

Bei einem runden Rohre von 32 mm äusserem und 30,34 mm innerem Durchmesser, also einem Querschnitte von $3{,}14 \times (32^2 - 30{,}34^2) = 81{,}275$ qmm, wurde ein Widerstandsmoment von 616,3 gefunden.

Ein zweites aber ovales Rohr mit einem grössten äusseren Durchmesser von 34,9 mm und kleinstem äusseren Durchmesser von 28,7 mm, die bezüglichen inneren Durchmesser waren 33,22 und 27,02 mm, der Querschnitt also $3{,}14/4 \times (28{,}7 \times 34{,}9 - 27{,}02 \times 33{,}22) = 81{,}784$ qmm. Das Widerstandsmoment in Bezug auf seine, zum grössten Durchmesser parallele Achse ist also:

$$W = 3{,}14/32 \times \frac{28{,}7 \times 34{,}9^3 - 27{,}02 \times 33{,}22^3}{34{,}09} = 645{,}4 \text{ kg.}$$

Diese Röhren trugen nun ohne eine bleibende Durchbiegung zu hinterlassen — wir greifen von jeder Röhrensorte eine heraus — auf zwei 500 mm von einander entfernte Stützpunkte frei aufgelegt und in der Mitte belastet, **das runde Rohr ca. 100 kg und das auf Hochkant gelegte ovale Rohr 134 kg also ca. 34 % mehr.**

Das Widerstandsmoment des ovalen Querschnittes in Bezug auf seine Achse parallel zum kleinsten Durchmesser ist dann immer noch

$$W = 3{,}14/32 \times \frac{28{,}7^3 \times 34{,}9 - 27{,}02^3 \times 33{,}22}{28{,}07} = 602{,}3 \text{ kg}$$

und würde dies Rohr also flach gelegt und wieder denselben Bedingungen wie das runde Rohr, d. h. bei einer Beanspruchung von 20,8 kg per qmm ungefähr 95 kg tragen.

---

Aus diesem Berichte darf wohl auf ausgezeichnete Qualität der „OPEL-RÄDER", die, wie oben gesagt, mit ovalen Rahmenrohren hergestellt sind, der Schluss gezogen werden.

▲ »Flora« nennt Opel bereits vor der Jahrhundertwende seine Damen-Modelle. Etwa ab 1910 erhalten die beiden parallel vom Steuerrohr zum Tretlager führenden Rohre eine zweite Verbindungsstrebe. Mit 28"-Rädern, Kleiderschutz und Kettenschutz kostet das Modell »Feines Damenrad Flora 8« 170 Mark. Eine Freilaufnabe mit Innenrücktrittbremse ist für 20 Mark Aufpreis zu haben.

◀ Bereits um die Jahrhundertwende führt Opel zur Erhöhung der Stabilität ovale Rahmenrohre im Fahrradbau ein und lässt diese patentieren.

*und nach vorne abfallendem oberen Rahmenrohr versehen.*

*Die Opel-Fahrräder werden mit drei Rahmenhöhen – alle gewöhnlichen Rahmenhöhen sind stets auf Lager – geliefert, und zwar:*

*Opel-Herren-Fahrräder 55 cm niedrig,*
*Opel-Herren-Fahrräder 60 cm mittel,*
*Opel-Herren-Fahrräder 65 cm hoch,*
*Opel-Damen-Fahrräder 50 cm niedrig,*
*Opel-Damen-Fahrräder 55 cm mittel,*
*Opel-Damen-Fahrräder 60 cm hoch,*

*wobei sich das Maß von Kante Sattelstützklemme bis Mitte Tretlager versteht.*

*Die Vorderradgabel der Opel-Fahrräder und die Steuerung ist in der Konstruktion wesentlich verbessert und vervollkommnet.*

# Liebe zu einem Opel-Fahrrad

## 25 Jahre treue Dienste

Als ein geerbtes altes Rad seine Dienste getan hatte, kaufte mir mein Vater vor 25 Jahren ein Opelrad. Die Firma Reuter, Horneburg, hatte ihm zu dem Modell geraten. Es war kettenlos, hatte Freilauf, Rücktritt, aber eine große Übersetzung. Ich schimpfte etwas, daß es schwerer ging, und vor allem, daß es über 200 Mark gekostet hatte. „Wie kannst du nur so viel Geld ausgeben, Vater", sagte ich, „nun muß ich es gewiß immerfort in acht nehmen." — „Laß man, mein Deern," sagte er, „du wirst dein ganzes Leben darauf fahren, ein gutes Rad hält viel aus."

Das mußte es wirklich. Kreuz und quer die Lüneburger Heide, auf schlechten und guten Landstraßen, über Stoppelfelder, durch Heidekraut, bei schlechtem und gutem Wetter, bald hier, bald dort hingeworfen, wenn es galt Blumen zu pflücken. Aber auch seine Schnelligkeit konnte ich erproben, als es galt, einem Verfolger in einsamer Gegend zu entwischen. Bei einer Radpanne am Hinterreifen hatte ich anfangs Schwierigkeiten, wenn es irgendwo repariert werden sollte, man konnte anfangs nicht mit einem kettenlosen Rad umgehen, ich selbst konnte es nicht wie das alte Kettenrad zusammensetzen. Aber bald lernten die Reparaturwerkstätten auch das. Dann kam der Krieg und das Rad brachte mich Samstags nach Hause, Montags wieder an die Arbeitsstätte, 12 Km. von der Bahnstation, als einzigstes Beförderungsmittel, ein schwerer Koffer mit Lebensmittel hing regelmäßig auf einem Gepäckhalter an der Lenkstange. Außer mancher Reifenpanne, durch einen verlorenen Schuhnagel verursacht, gab es trotz der schweren Last nie einen Bruch.

Später wurden dem Rad die guten Gummireifen genommen und dem Vaterland geopfert, Ersatzreifen kamen dran. Schwere Obstkörbe wurden auf ihm transportiert, das Rad hielt es aus.

Mit dem Lebensschicksal wechselte die Gegend. Von den Deichen des Nordens, von der Lüneburger Heide zog ich weg. Das Rad wühlte im märkischen Sande, fuhr durch Thüringens Gefilde, fuhr auf Schiffen und Omnibussen mit, wurde unsanft in manchen D-Zug geworfen, fuhr durchs Hanauer Land und Oberhessen, immer getreu und ohne Bruch von Rahmen und Lenkstange. In jedem Frühjahr sagt mein Mann: „Das alte Klapperrad, es quiekt ja, ich will dir ein neues schenken," sagt der Bub: „Das alte Rad sieht schäbig aus", selbst die Kleinste rümpft das Stumpfnäschen: „ihr Rad wäre schöner". Ich aber hole dann schwarzen Lack, streiche es neu an, gebe ihm ein neues Netz; nur die Lenkstange will nicht mehr blitzblank werden — und sage: „Laßt nur, es fährt immer noch so gut wie das eure." Ich gedenke noch lange Rad zu fahren, und wenn es auch nur zu meinem Garten in Berkersheim wäre, und ich glaube, daß mein Vater vielleicht recht behalten wird, daß ich es mein ganzes Leben lang fahren werde. „Habt ihr euer Rad nur auch 25 Jahre", sage ich den Kindern, „und kauft euch, wenn ihr Geld verdient, immer gute Sachen, dann habt ihr lange Freude daran."

Frau Dr. Lucinde Corell.

*Das Steuerrohr hat 35 mm Durchmesser; die Steuerung läuft in Kugellagern, ist niedrig gehalten und zeigt eine sehr gefällige und elegante Ausführung.*
*Die Gabelköpfe sind modernstem Geschmack entsprechend gebildet und höchst stabil konstruiert; die Gabeln sind im Innern mit stabilen Verstärkungen versehen und ergeben im Verein mit dem vernickelten Gabelkopf, aufs Feinste geschliffen und emailliert, ein sehr nettes Bild.*
*Die Feststellvorrichtung umfasst das Gabelrohr mittels starker Drahtbremse; durch einfaches Anziehen wird die Gabel festgehalten.*

*Die Lenkstangen der Opel-Fahrräder sind aus bestem Material hergestellt, mit Innenklemmung versehen, stark vernickelt, hochglanzpoliert. Die oben auf der Lenkstange sichtbare Sechskantschraube darf nicht zu fest angezogen werden; schon durch leichtes Anziehen wird der Konus gegen die Innenwandung des Gabelrohres gepresst und dadurch die Lenkstange in jeder Höhe festgehalten.*
*Um allen Wünschen zu entsprechen, können die Lenkstangen in zehn verschiedenen Formen geliefert werden; die Bezeichnung nach Nummer muss aber genau angegeben werden.*

*Für ältere Personen eignen sich besonders Nr. 1, 2, 3, 3a und 3b, für junge Leute besonders Nr. 4 und 5.*
*Nr. 5a, 6 und 6a sind ausgesprochene Rennlenkstangen.*
*Als Bremsen der Opel-Fahrräder sind sicher wirkende und zuverlässige Handbremsen, wie aus den Abbildungen ersichtlich, angewendet. Auf Wunsch werden auch Daumenbremsen geliefert oder gegen entsprechenden Mehrpreis Felgenbremsen, die vernickelte Felgen bedingen.*
*Modell Nr. 5 wird mit doppeltem Hebelzug und doppelter Felgenbremse, auf Vorder- und Hinterradfelge zugleich wirkend, ausgestattet. Typ England mit Doppelfelgenbremse und Freilaufzahnkranz ist an Stelle von Fahrrädern mit Freilaufnaben mit Rücktrittbremse für gebirgiges Gelände mit langen starken Gefällen empfehlenswert.*
*Das Tretkurbellager ist ohne Zweifel der wichtigste Teil des Fahrrades; mit Recht wird es*

**Material- und Fabrikations-, Prüfungs- und Belaſtungs-Proben**

wie ſie fortgeſetzt an den verſchiedenen Teilen der **Opel-Fahrräder** vorgenommen und von den Abnahme-kommiſſionen der titl. Behörden gehandhabt werden.

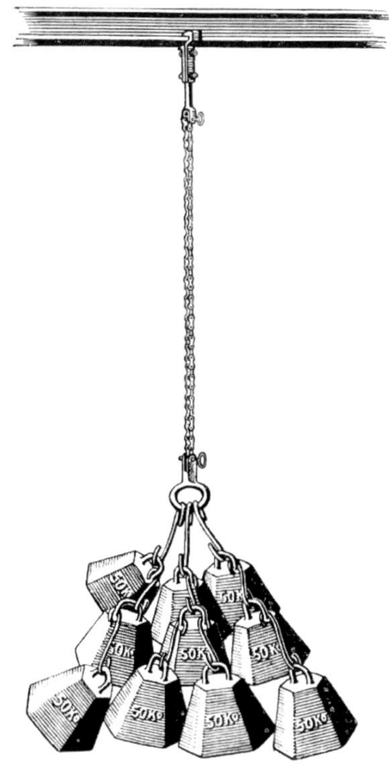


Feſtigkeits- und Zug-Probe der Kette.

*dessen Seele genannt. Das Tretlager der Opel-Fahrräder fußt auf einer in jeder Beziehung gediegenen und einfachen Konstruktion, die auf das Peinlichste durchgearbeitet ist und sich bisher außerordentlich bewährt hat.*
*Das Tretkurbellager wird aus bestgeeignetem Material hergestellt und auf genaueste und sauberste Ausführung der einzelnen Teile des Lagers sowie auf die präziseste Montierung besonderes Augenmerk gelegt, sodass hierdurch ein außerordentlich leichter Lauf sowie eine lange Lebensdauer des Lagers gewährleistet ist.*
*Behufs Reinigung ist das Lager leicht zu demontieren. Die Befestigung der geschmiedeten ovalen Kurbeln auf die Achse geschieht ohne Keil in äußerst praktischer Weise und*

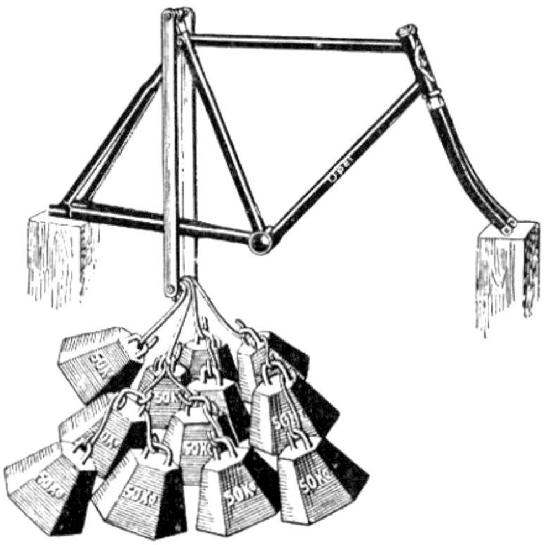

Gesamtbelastung des Rahmens 600 Kilo.

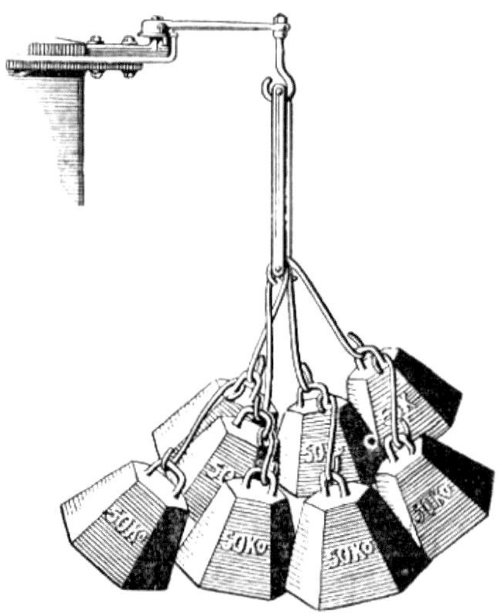

Belastungsprobe an der Tretkurbel.

*wird mit der größten Sorgfalt unter besonderer Kontrolle ausgeführt, sodass ein Lockern der Kurbeln absolut ausgeschlossen ist. Das Tretkurbellager ist gegen Eindringen von Staub und Nässe auf das Wirksamste geschützt.*
*Bei allen Doppelglockenlagern sind die Kurbeln so angeordnet, dass sie glockenförmig über das Lager greifen. Der Kettenzug kann dadurch über der Kurbelreihe angeordnet werden, wodurch jeder seitliche, den Lauf des*

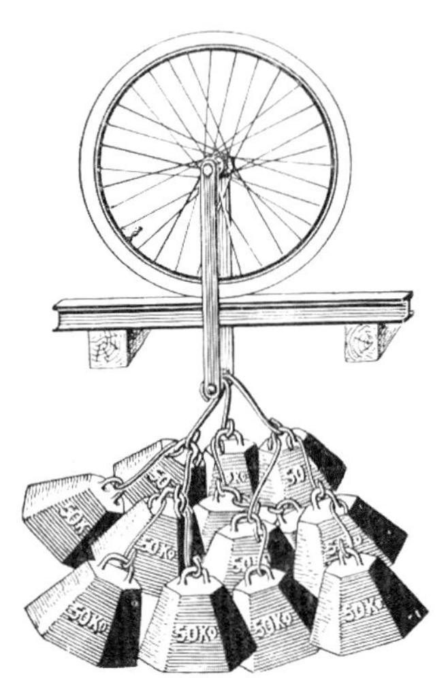

Belastungs-Probe an dem fertig montierten Laufrade.

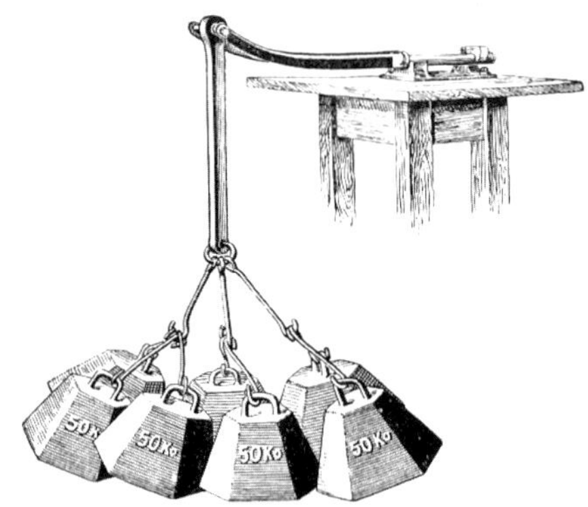

Belastungs-Probe an der Vorderradgabel.

*Rades naturgemäß ungünstig beeinflussende Druck vermieden wird. Das Einzige, was an dem Tretlager zu geschehen hat, ist dessen zeitweise Ölung.*
*Die Naben der Opel-Fahrräder sind aufgrund langjähriger Erfahrung konstruiert und werden unter peinlichster Kontrolle hergestellt. Konusse, Lagerschalen und Kugeln sind glashart; von einer Reibung in den Lagern kann kaum die Rede sein. Vollständig ölhaltend und gegen äußere Einflüsse wie Staub usw. sicher abgedichtet, sichern die aus hochwertigem Stahl aus einem Stück gedrehten Naben gegen vorzeitige Abnutzung. Die absolute Präzision in der Herstellung der Naben bedingt nicht zum Mindesten den Ruf der*

*Opel-Fahrräder als die am leichtesten laufenden in der ganzen Fahrradbranche.*
*Die Kettenräder werden aus geeignetem Stahl hergestellt auf automatischen Spezialmaschinen, welche für eine genaue Fräsung von vornherein sichere Gewähr bieten. Die verschiedenen Arten sind mit Geschmack gewählt.*
*Die Ketten der Opel-Fahrräder werden in eigner Fabrikation aus den bestgeeigneten Materialien hergestellt und eine große Anzahl von besonderen Maschinen sorgt für große Gleichmäßigkeit. Die Kettenspannung geschieht in bewährter Weise.*
*Die Kugellager, sämtlich ölhaltend und staubdicht, sind aus bestem Material hergestellt. Eine Beschädigung oder ein Einlaufen der Konusse und Lagerschalen ist ausgeschlossen.*
*Die Räder der Opel-Fahrräder werden mithilfe von Spezialwerkzeugen gespannt. Die Speichen sind aus zähestem, reinstem Tiegelgussstahl und vernickelt, die Felgen äußerst widerstandsfähig, stabil und genau rund laufend.*
*Als Freilauf wird F. & S. Torpedo geliefert; als Doppel-Übersetzungsnabe wird ebenfalls F. & S. Torpedo geliefert.*
*Die Emaillierung der Opel-Fahrräder ist überaus sorgfältig. Es werden nur die feinsten und teuersten Lacke von den bestrenommierten Lackfabriken verwendet, die eine tiefschwarze, hochglänzende Emaillierung ergeben. Es ist durch ein besonderes Verfahren Vorsorge getroffen, das Rostbildungen und das dadurch folgende Abblättern des Lackes vermeidet. Farbig emaillierte Maschinen werden auf Bestellung unter Mehrberechnung angefertigt.*
*Die Vernickelung der blanken Teile ist haltbar und von ausgezeichneter Güte infolge der auf der Höhe der Zeit stehenden, vollständig neu eingerichteten Vernickelungsanlage. Da alle blanken Teile vor dem Nickelansatz aufs Beste geschliffen und gereinigt werden, halten bei ordnungsmäßiger Behandlung der Räder diese jedem Durchrosten stand.*
*Als Zubehör wird bei jedem Opel-Fahrrad eine Werkzeugtasche mitgeliefert; sie enthält Spezialschlüssel, Ölkanne, Luftpumpe, Pneumatic-Reparaturkasten und eventuell einen Kurbelabzieher.«*

# BESTE MATERIALIEN UND HÖCHSTE PRÄZISION

Auch 1912, im 50. Jahr des Unternehmens, werden wieder zahlreiche Straßenrennen auf Opel gewonnen. So beispielsweise die 560 Kilometer lange Fernfahrt »Mailand–München«, die zu den bedeutendsten Radsportereignissen dieses Jahres zählt.

Erstmals werden in Rüsselsheim über 40 000 Fahrräder innerhalb eines Jahres produziert. Eine Stückzahl, die in den alten, dem Großbrand zum Opfer gefallenen Fabrikationshallen kaum möglich gewesen wäre.

Eine zeitgenössische Betrachtung des jüngsten der fünf Opel-Brüder beschreibt den Fahrradbau so:

*»Das Fahrrad ist ein wichtiger Gegenstand unseres modernen Lebens geworden, sodass ein kurzes Verweilen bei der Fabrikation dieses Bedarfsartikels allgemeinem Interesse begegnen wird. Beim ersten Anblick dieses leichten und künstlerisch gefälligen, aber doch zuverlässigen Beförderungsmittels erscheint die Fabrikation verhältnismäßig einfach, doch müssen dabei eine Reihe von wichtigen Faktoren zusammenwirken.*

*Langjährige Erfahrungen sind erforderlich, um sowohl bei Verwendung des Rohmaterials*

▶ Opel Racer im Originalzustand aus der Zeit vor dem Ersten Weltkrieg.

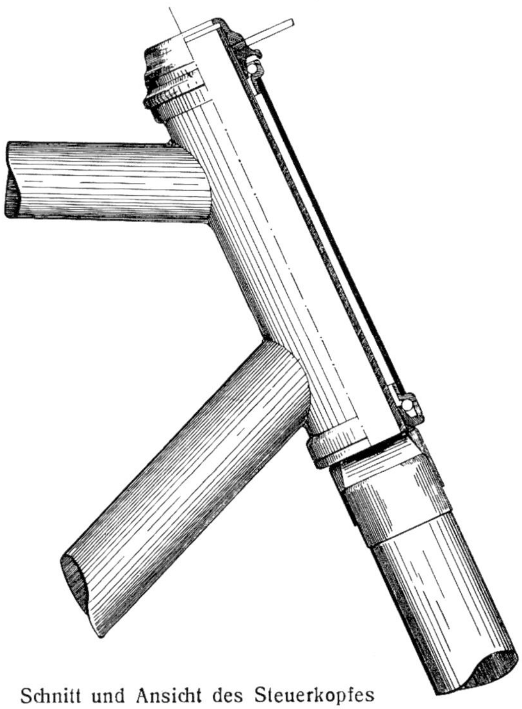
Schnitt und Ansicht des Steuerkopfes

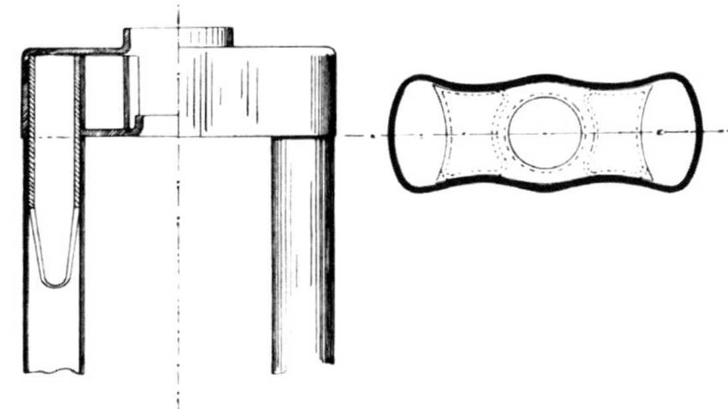
Vorderradgabel

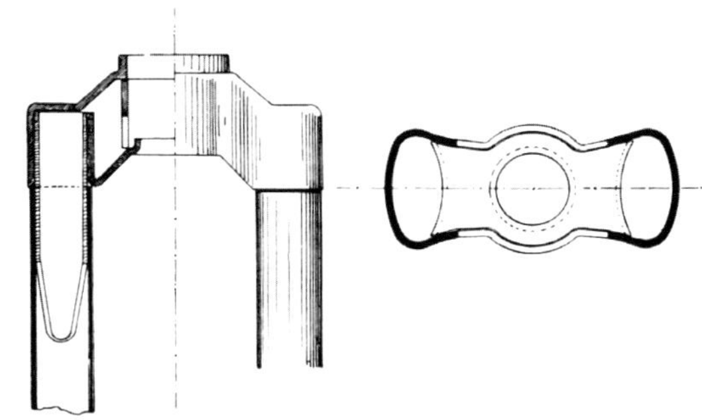
Vorderradgabel

*als auch bei der Verarbeitung und Konstruktion der einzelnen Teile stets das Richtige zu treffen und dadurch die Fabrikation selbst und andere vor unberechenbarem Schaden zu bewahren. Ein Missgriff in der Verwendung von Rohmaterialien kann bei der großen Verbreitung des Fahrrades von den schwersten Folgen begleitet sein, und jeder einsichtige Fabrikant wird eine Neuerung erst nach eingehenden Versuchen und Prüfungen auf ihre Gebrauchstüchtigkeit und Zuverlässigkeit, aber dann auch mit der großen Raschheit und Tatkraft zur Einführung bringen.*

*Viele große und kleine Teile der verschiedensten Art bilden in ihrer Zusammensetzung das Fahrrad, dessen einzelne Bestandteile alle auf das Genaueste gearbeitet und zusammengesetzt sein müssen, um einen schnellen, leichten, ruhigen und doch in jeder Beziehung betriebssicheren Lauf zu gewähren.*

*Eine genaue und sorgfältige Kontrolle aller Bauteile durch zuverlässige Mitarbeiter gibt die beste Bürgschaft für saubere Arbeit. Geschulte und erfahrene Angestellte und Arbeiter, streng durchgeführte Arbeitsteilung und dadurch erzielte außergewöhnliche Geschicklichkeit und Sicherheit bei der Anfertigung und Verwendung der vielen Einzelteile verbürgen die richtige Zusammensetzung und damit ein leichtes und zuverlässiges Funktionieren.*

*Betriebstüchtig und zuverlässig in allen Teilen – das ist das Kennzeichen des modernen Opel-Rades. Der Rahmen aus nahtlos gezogenen Rohren mit Innenlötung und besonderen Verstärkungen verbürgt Festigkeit und Dauerhaltbarkeit des Fahrrades, da gerade auf den Rahmen durch Auswahl des besten Materials der Rohre, Lagergehäuse und Verbindungsmuffen größte Sorgfalt verwendet wird. Die Dicke der verwendeten Rohre wechselte mit den Jahren, je nach der gerade herrschenden Geschmacksrichtung. Das neueste Opel-Rad besitzt daher Rohre von verhältnismäßig geringem Durchmesser, die aber trotzdem durch Verwendung bester Materialien*

▲ Der Rahmenbau.

*und sorgfältigster Arbeit den früheren stärkeren Rohren überlegen sind.*
*Eine leichte Kröpfung der Hinterradgabel des Rahmens gibt dem neuen Opel-Rad das allseits beliebte leichte und flotte Aussehen.*
*Die Vorderradgabel ist gerade in den letzten Jahren wesentlich verbessert, dem modernen Geschmack entsprechend umgebildet und durch Verstärkungen elegant und zugleich auch dauerhaft konstruiert worden.*
*Rahmen und Gabel werden wegen der durch das Fahren an sie gestellten Anforderungen vor ihrer Fertigstellung auf sogenannten Richtböden genau auf die einzelnen Abmessungen und Neigungswinkel hin überprüft.*
*In den Rahmen wird als einer der wichtigsten Teile des Fahrrades das Tretlager eingebaut, auf dessen Herstellung ganz besondere Sorgfalt verwendet wird. Dieses Tretlager beruht auf einer verhältnismäßig einfachen, aber gediegenen und wohl durchgearbeiteten Konstruktion, die sich außerordentlich bewährt hat.*
*Seine Achse wird auf Spezialdrehmaschinen automatisch aus langen Stäben ohne irgendwelche menschliche Beihilfe hergestellt. Die Verwendung besten Werkzeugstahls, peinliche Ausführung des Werkzeuges selbst sowie genaueste Einstellung der Automaten sind natürlich Vorbedingungen.*
*Die Konen und Schalen des Tretlagers werden auf besonderen Präzisionsmaschinen – Vierspindel-Automaten, wahren Wundern des Werkzeug-Maschinenbaus – hergestellt, und*

▲ Die Maschinenabteilung.

*zwar werden gleichzeitig immer vier Stück auf einmal fertiggestellt. Nach sorgfältiger Prüfung und besonderer Härtung werden diese Konen und Schalen dann geschliffen, vernickelt und in das Tretlager eingebaut.*

*Die Kurbeln an dem Tretlager, die besonderen Druck auszuhalten haben, werden aus dem zähesten Material in Gesenken geschmiedet, bearbeitet, geschliffen und vernickelt.*

*Bei der Konstruktion des Tretlagers und seiner Teile wird besonders darauf geachtet, dass der Zug der Kette, die den durch die Kurbel ausgeübten Druck weiterführt, nicht außerhalb des Kugellagers im Tretlager liegt, sodass jeder seitliche, den leichten Lauf des Fahrrades naturgemäß ungünstig beeinflussende Druck vermieden wird.*

*Genügende Ölung des Tretlagers ist ein weiteres Erfordernis für einen einwandfreien Betrieb. Es wird Wert darauf gelegt, dass jederzeit ausreichend Schmierung vorhanden ist und das Tretlager durch besondere Filzringe gegen Ölverlust und gegen Eindringen von Staub geschützt wird.*

*Die Befestigung des Tretkurbellagers geschieht bei dem Opel-Rad entweder durch*

◀ Zusammenbau.

▼ Das Lager.

*Klemmscheiben oder durch Konterringe. Neben dem Tretlager sind die Naben der beiden Laufräder wichtige und gleichzeitig auch empfindliche Teile.*

*Wie die Teile des Tretlagers werden auch die Naben auf großen Automaten auf das Genaueste und Gleichmäßigste hergestellt, da ja auch sie als rotierende Teile den gleichen Beanspruchungen wie das Tretlager unterliegen. Die Naben des Opel-Rades, aufgrund langjähriger Erfahrung konstruiert und unter ständiger Kontrolle hergestellt, haben durch ihre hohe Genauigkeit nicht zum geringen Teil den Ruf der Opel-Räder als der am leichtesten laufenden Maschinen der ganzen Fahrradindustrie begründet und erhalten.*

*Durch ihre für den Fahrer bequeme und sichere Funktion hat besonders in Deutschland die Freilaufnabe mit Rücktrittbremse große Verbreitung gefunden. Sie besitzt, ohne den Lauf des Rades sonst irgendwie zu stören oder sein Gewicht wesentlich zu erhöhen, den großen Vorzug, beispielsweise beim Bergabfahren dem Fahrer das Ausruhen seiner Beine zu gestatten, was bis dahin durch den Permanentantrieb ohne Freilauf keinesfalls üblich war. Trotz dieser Vorzüge der Freilaufnabe mit Rücktrittbremse finden auch die einfachen Freilauf-Zahnkränze vielfach Verwendung, wobei allerdings besondere Felgenbremsen, auf Vorder- und Hinterachse wirkend, verwendet werden müssen.*

*Die mit dem Tretlager und der Hinterradnabe verbundenen Kettenräder werden aus Stahlplatten ausgestanzt und ihr Rand, der als Kettenauflage dient, wird auf einer Spezialmaschine unter Verwendung außerordentlich hohen Druckes angewalzt. Hierdurch erhält der Rand des Kettenrades eine ganz besonders große Festigkeit, sodass nach dem Fräsen der Zähne des Kettenrades auf besonderen Spezialmaschinen ein Härten der Zähne nicht mehr erforderlich ist.*

*Die geschmackvollen Profile der verschiedenen Kettenradformen werden von gewaltigen*

▼ **Die Entwicklung des Tretlagers.**

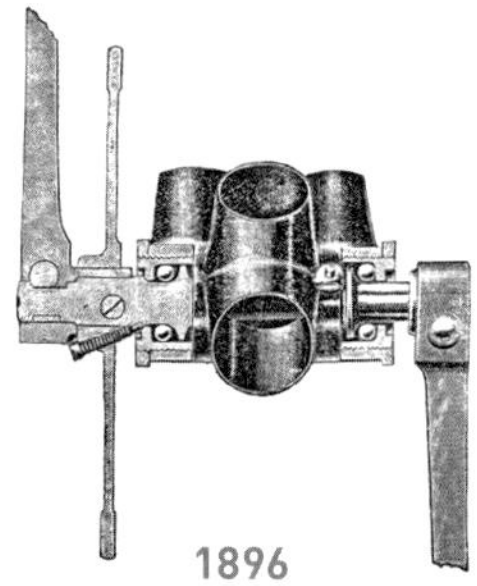

1896

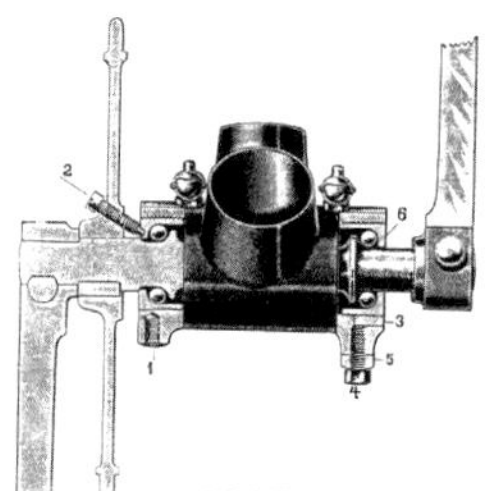

1897

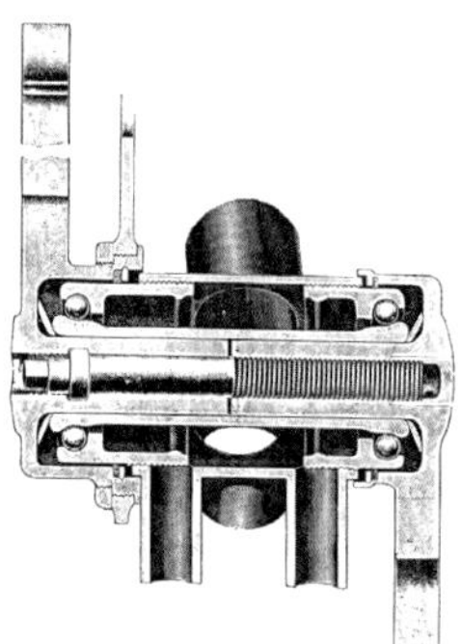

1901

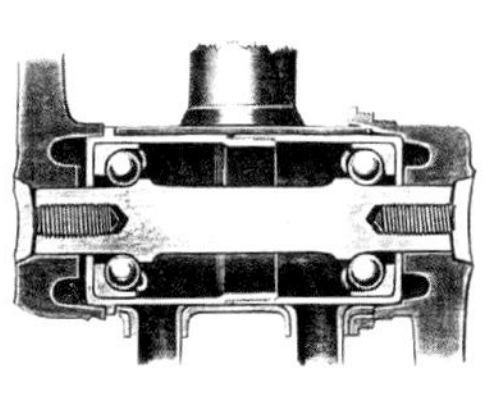

1905

1910

*Stanzmaschinen ausgeprägt und anschließend geschliffen, vernickelt und poliert. Sie tragen alsdann durch die Schönheit ihrer Form dazu bei, dem Fahrrad sein elegantes Aussehen zu geben.*

*Die Verbindung der beiden Kettenräder und die Fortpflanzung des durch die Kurbelwelle ausgeübten Druckes geschieht durch eine besonders konstruierte und aus bestgeeignetem Material hergestellte Kette, deren Glieder, genau auf 1/100 Millimeter angepasst, mit Spezialapparaten zusammengestellt, Gewähr für ein genaues Passen der Kette bieten. Die vom Hause Opel schon seit längerer Zeit eingeführte Teilung der Kette in genau ›ein Zoll‹ sorgt dafür, dass die Opel-Kette immer genau auf die Teilung des Kettenrades passt.*

*Auf die Fabrikation der beiden Laufräder, Hinter- und Vorderrad, wird die größte Sorgfalt verwendet. Ihre Speichen werden aus zähestem Rohmaterial gezogen und mithilfe von Spezial-Werkzeugmaschinen gespannt. Die Speichennippel werden auf besonderen Automaten auf das Genaueste und Gleichmäßigste hergestellt. Die Felgen sind entweder aus Stahl oder aus Holz gefertigt, dabei selbstverständlich äußerst widerstandsfähig, dauerhaft und auf genaues Rundlaufen besonders geprüft.*

*Wichtig ist auch die Herstellung der Lenkstangen, da Lenkstangenbrüche durch fehlerhafte Fabrikation Unglücksfälle zur Folge haben können. Die Lenkstangen der Opel-Räder werden aus nahtlos gezogenen Rohren hergestellt. Ihre Biegung erfolgt nicht mehr wie früher in warmem Zustand, sondern auf einer äußerst sinnreich gebauten Spezial-Biegemaschine auf kaltem Wege. Ein Zug an einem Hebel gibt den durch eine Matrize laufenden nahtlosen Rohren die gewünschte Form.*

*Diese Art des Biegens hat neben der Ersparnis von Herstellungskosten noch den besonderen Vorteil, dass das Material nicht, wie früher durch das Glühen, minderwertig werden*

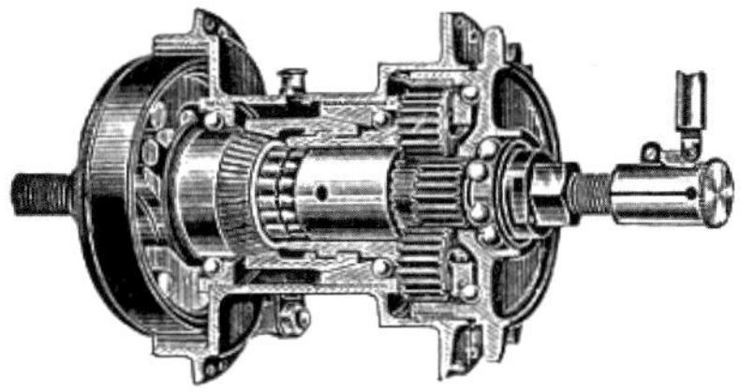

Querschnitt der Nabe für **Doppel-Übersetzung** mit Freilauf-Vorrichtung und Rücktritt-Innenbremse.

**Aufpreis:**

Doppelübersetzung mit Freilauf . . Mk. 50
Doppelübersetzung mit Freilauf u. Rücktritt-Innenbremse . . . . „ 70
Dreifachübersetzung mit Freilauf . „ 85

Querschnitt der Nabe mit Freilauf-Vorrichtung und Rücktritt-Innenbremse **„Torpedo"**.

**Aufpreis:**

Freilauf-Vorrichtung mit Rücktritt-Innenbremse bei Kettenmasch. Mk. 20
do. bei kettenlosen Fahrrädern . . „ 40

▲ Aus dem Fahrradkatalog von 1906: Freilauf, Rücktrittbremse und sogar Zwei- und Dreigangschaltung.

*kann. Bei dem Biegen auf kaltem Wege tritt Minderwertigkeit des Materials ohne weiteres nicht zutage, woraus unbedingte Sicherheit, dass alle Lenkstangenrohre höchste Dauerhaftigkeit besitzen, resultiert.*

*Die Verbindung zwischen Lenkstange und Rahmen erfolgt mit heute allgemein üblicher Innenklemmung dadurch, dass eine auf der Lenkstange sichtbare sechskantige Schraube durch leichtes Anziehen einen Konus gegen die Innenwand der Lenkstange und des Gabelrohres drückt und hierdurch die Lenkstange in jeder beliebigen Höhe und Stellung festhält.*

*Ein weiteres Erfordernis für ein Fahrrad und für die Sicherheit des Fahrers bilden die Bremsen, die heute in der Hauptsache als Handhebel-Bremsen angewendet werden. Felgenbremsen sind zwar ebenfalls zweckmäßig, haben aber im Gegensatz zu England in Deutschland wenig Verbreitung und Anklang gefunden.*

*Die richtige Konstruktion und sorgfältigste Ausführung aller bisher erwähnten Teile sind erforderlich für die Betriebstüchtigkeit und Zuverlässigkeit des Fahrrades. Unser in Fragen des Geschmacks und des Schönheitssinnes bedeutend anspruchsvolles und auch sachkundiger gewordenes Zeitalter verlangt aber von einem allgemeinen Gebrauchsgegenstand, dass auch dessen Äußeres allen Anforderungen an Schönheit und Gefälligkeit Rechnung trägt. Die Folge davon ist, dass auch das Haus Opel neben Veränderung des besten Rohmateriales und sorgfältiger Werkmannsarbeit großen Wert auf das elegante Äußere und die gute Ausstellung des Fahrrades legt.*

*Besondere Sorgfalt wird deshalb auf Emaillierung und Vernickelung gelegt. Alle Rahmen werden vor der Emaillierung geschliffen und alsdann unter Verwendung der feinsten und teuersten Lacke durch Luftdruck mit Lack gespritzt. Diese Art der Emaillierung,*

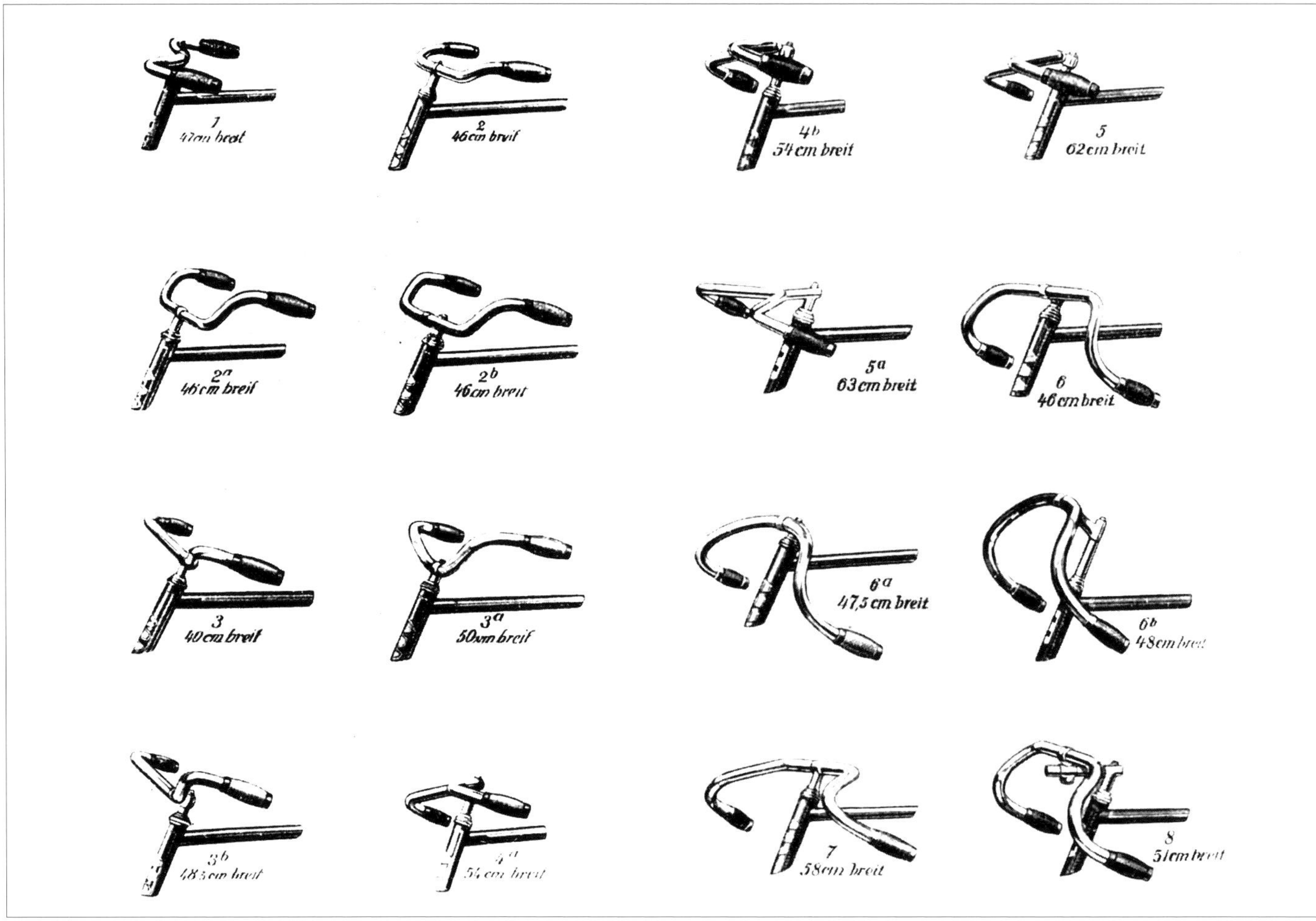


▲ Lenkerformen 1914.

▶ Kuriosum: Ab Mai 1907 kostet das Radfahren Geld. Der Staat erhebt eine Steuer. Räder erhalten Kennzeichen.

*das Spritzen der Rahmen, hat große Vorzüge vor dem früher angewendeten Verfahren, dem Tauchen, und gewährleistet tiefschwarze, hochglänzende Emaille, wie sie früher nie erreicht werden konnte. Rostbildung und damit verbundenes Abblättern des Lackes ist damit im Gegensatz zu früher durch besondere Verfahren vollkommen ausgeschlossen.*

*Nach der Emaillierung werden alle Rahmen nochmals durch geschulte Kräfte gründlich poliert und dann erst fertig bearbeitet.*

*Eine vollständig neue, mit modernsten Errungenschaften eingerichtete Vernicklungsanlage gibt allen blanken Teilen der Opel-Räder eine haltbare Vernicklung von hervorragender Güte. Vor der Vernicklung werden die blanken Teile sorgfältig geschliffen, durch Dampf- und Kaltwäscherei von allen Unreinlichkeiten befreit und nach dieser vollständigen Säuberung stark und haltbar vernickelt. Diese Vernicklung verhütet bei ordnungsmäßiger Behandlung des Opel-Rades ein Durchrosten der vernickelten Teile und Stücke oder eine sonstige durch nicht sachgemäße Behandlung hervorgerufene Abnutzung.«*

Diese Ausführungen aus dem Jahre 1912 belegen, dass das Haus Opel in jeder Beziehung auf der Höhe der Zeit ist. Die Fahrradindustrie insgesamt hat sich gewaltig ausgedehnt. Mit ihren zahlreichen Hilfsindustrien bildet sie in der Volkswirtschaft einen bedeutenden Faktor.

G 7013
G559

▶ 1904 erscheint erstmals das neue Tretwerk mit Kombinations-Doppelglockenlager für die Luxus- und Rennmodelle. Das Kettenblatt mit geraden Speichen und Lochkranz ist zunächst den feinen Tourenmaschinen und Halbrennern vorbehalten, ab 1906 auch an den Bahnrennern und Tandems zu finden.

▶ Um 1910 erscheint erstmals das Kettenblatt mit den fünf kleinen »O«, das in modifizierter Form bis in die 1930er-Jahre gebräuchlich ist. Dieses Tourenmodell stammt aus der ersten Hälfte der 1920er-Jahre.

Erlaubnis zur Benutzung von Fahrradbereifungen nur zum Zwecke

Personalbeschreibung

Großherzogtum Hessen Nr. 19153

Radfahrkarte

für

(Name, Stand)

wohnhaft zu

Straße u. Haus-Nr.

Gross-Gerau den 8 ten 19

Großherzogliches Kreisamt Gross-Gerau

(Stempel.)

◀ Diese Radfahrkarte aus dem Jahre 1917 gibt Aufschluss darüber, wie auf allerhöchste Ermächtigung Seiner Königlichen Hoheit der Radfahrverkehr für das Großherzogtum Hessen mit seinen Provinzen Starkenburg, Oberhessen und Rheinhessen geregelt war.

Fünf 5 Mark STEMPEL-MARKE Groszherzogtum Hessen

Zehn 10 Mark

Kreisamt Groß-Gerau

Verordnung,
den Radfahrverkehr betreffend.
Vom 6. Mai 1907.

Mit Allerhöchster Ermächtigung Seiner Königlichen Hoheit des Großherzogs wird zur Ausführung des Gesetzes vom 12. August 1899 über den Urkundenstempel in der Fassung der Bekanntmachung vom 28. März 1907 und zur Ausführung des Gesetzes vom 28. März 1906, betreffend den Verkehr mit Fahrrädern und Automobilen auf öffentlichen Wegen, Straßen und Plätzen, hiermit verordnet:

A. Allgemeine Vorschriften.

§ 1. Für den Radfahrverkehr gelten sinngemäß die den Verkehr von Fuhrwerken auf öffentlichen Wegen und Plätzen regelnden polizeilichen Vorschriften, soweit nicht in nachfolgendem andere Vorschriften getroffen sind.

Auf Fahrräder, die im öffentlichen Transportgewerbe verwendet werden, sowie auf die Fahrer dieser Räder finden neben den nachstehenden die allgemeinen Vorschriften über den Betrieb der dem öffentlichen Transportgewerbe dienenden Beförderungsmittel Anwendung.

Auf Fahrräder, die nicht ausschließlich durch menschliche Kraft betrieben werden, finden die nachstehenden Vorschriften insoweit Anwendung, als nicht in den Vorschriften betreffend den Verkehr mit Kraftfahrzeugen, ein anderes bestimmt ist.

B. Das Fahrrad.

§ 2. Jedes Fahrrad muß versehen sein:
1) mit einer sicher wirkenden Hemmvorrichtung;
2) mit einer helltönenden Glocke zum Abgeben von Warnungszeichen;
3) während der Dunkelheit und bei starkem Nebel mit einer hellbrennenden Laterne mit farblosen Gläsern, die den Lichtschein nach vorn auf die Fahrbahn wirft;
4) insoweit nicht Befreiung nach § 25 eintritt, mit einer Nummerplatte, die als Beweis für die erfolgte Zahlung der Stempelabgabe (§§ 3, 15) gilt.

C. Der Radfahrer.

a) Ausweis über die Person des Radfahrers.

§ 3. Wenn ein Fahrrad auf öffentlichen Wegen und Plätzen benutzt werden soll, hat der Besitzer hiervon dem für seinen Wohnort zuständigen Kreisamt schriftlich oder mündlich Anzeige zu erstatten und die in Nr. 58 des Tarifs zum Urkundenstempelgesetz in der Fassung der Bekanntmachung vom 28. März 1907 vorgeschriebene Stempelabgabe für die Radfahrkarte zu entrichten.

Das Kreisamt erteilt dem Anmeldenden eine auf den Namen des Radfahrers lautende Radfahrkarte, die nach anliegendem Muster ausgestellt wird.

◀ Für die Genehmigung, Fahrrad fahren zu dürfen, war eine jährliche Steuerabgabe fällig, ähnlich unserer heutigen Kfz-Steuer.

# ELEGANT, SAUBER, SCHNELL – DAS MOTOR-FAHRRAD

▶ Elegant, sauber, schnell – das Motor-Fahrrad zu Beginn der 1920er-Jahre.

Die frühzeitige, vielleicht etwas überstürzte Aufgabe der Motorradfertigung im Jahre 1907 führt in Rüsselsheim in den folgenden Jahren immer wieder zu der Überlegung, den Motorradbau erneut aufzunehmen. Hatte man bis zu dem Großfeuer 1911 aus Platzmangel diesen Gedanken immer wieder verworfen, so fällt zum Jahreswechsel 1912/13 der Entschluss, wieder motorisierte Zweiräder herzustellen. Immerhin hatte NSU 1911 allein 25 000 Motorräder produziert – da wollte man bei Opel nicht länger hinten anstehen.

Mehr als von großen, hubraumstarken Maschinen verspricht man sich von motorisierten Fahrrädern, die mit günstigem Preis weite Teile der Bevölkerung ansprechen sollen. Außerdem lassen sich fahrradähnliche Rahmen recht einfach in der bereits vorhandenen Fahrradproduktion herstellen. Nach dem Motto: »Wo jährlich 40 000 Fahrräder die Werkshallen verlassen, muss jetzt, nachdem die Fertigungsanlagen neu aufgebaut sind, auch noch Platz für einige tausend Motorrädchen sein«, entstehen die ersten Konstruktionspläne.

Aber das Attentat von Sarajevo im Juni 1914 und der wenige Wochen später ausbrechende Krieg beendeten diese Pläne. Stattdessen baut Opel in den nächsten vier Jahren vorwiegend Lastwagen und Flugzeugmotoren für die Armee. Die Wiederaufnahme der Motorradproduktion erfolgt schließlich erst nach dem Ersten Weltkrieg im Jahre 1919.

In einem Vorwort zu der Betriebsanleitung wendet sich die Firma Opel mit folgenden Zeilen an ihre Kundschaft: *»Schon so alt wie der Motorradbau ist auch der Wunsch, ein für Stadt- und Berufsfahrten geeignetes, äußerst leichtes und handliches Motorrad zu schaffen, das sich auf der Landstraße mit gutem Erfolg verwenden lässt und neben geschäftlichen Zwecken aller Art auch Vergnügungsfahrten dienen kann. Mit mehr oder weniger Geschick wurde diese Aufgabe auch bisher von fast allen mit dem Fahrrad- oder Motorenbau beschäftigten Firmen zu lösen versucht. Bisher war es noch keinem Fabrikanten gelungen, ein*

▲ Prima Material – solide Arbeit – das Automobil des kleinen Mannes: das Motor-Fahrrad für den Herrn.

*solches Motorfahrrad, das wirklich billig und brauchbar sein musste, auf den Markt zu bringen. Die Versuche scheiterten aus verschiedenen Gründen; neben Verordnungen der Behörden, die dem Bau und hauptsächlich auch der Verwendungsmöglichkeit eines leichten Kraftrades außerordentlich hinderlich im Wege waren, bestand die besondere Schwierigkeit darin, eine billige technische Lösung dieser Frage zu finden, ohne dass die Zuverlässigkeit und Güte des Motors darunter leidet.*

*Der Versuch der Motorradindustrie von der schweren Tourenmaschine auf das kleine billige Motorrad überzugehen, veranlasste verschiedene Fabrikanten, angeblich besonders leichte und handliche Motorräder mit durchschnittlich 1,5 PS Leistung herauszubringen. Diese Maschinen waren jedoch den großen und stärkeren Maschinen nachgebaut und auch zweckdienlich, doch so teuer in der Anschaffung, dass sie im Preise nur wenig den größeren Motorrädern nachstanden und deshalb auch keinen Ersatz für das gewöhnliche Fahrrad bieten konnten. Es blieb also nur dem gewöhnlichen Fahrrad, das mit einem kleinen, leicht montierbaren Hilfsmotor versehen ist, die Aussicht auf Erfolg.*

*Der Firma Opel ist es nun gelungen, dieses lang umstrittene Problem endgültig zu lösen und einen billigen von Laienhand zu bedienenden Motor, der infolge seiner praktischen Anordnung keinerlei Belästigung des Fahrers hervorrufen kann, herzustellen und denselben infolge ihrer reichen Erfahrung auf dem Gebiete des Motorwagenbaues so leistungsfähig und betriebssicher zu gestalten, dass derselbe nicht nur als Stadtverkehrsmittel für Berufsfahrten, sondern auch als Vergnügungsgefährt selbst in stark bergigem Terrain mit Vorteil verwendet werden kann.«*

Das Opel-Motor-Fahrrad besitzt von Anfang an den sogenannten Knickrahmen, der dem Fahrer trotz der großen Spiralfeder vorn am Sattel eine tiefe Sitzposition ermöglichte.

Was auf den ersten Blick wie ein gewöhnlicher Fahrradrahmen aussieht, ist in Wirklichkeit eine wesentlich stärker dimensionierte Konstruktion aus nahtlos gezogenem Rohr mit einer Kurzschwingengabel und einem Exzenter im Tretlager für die Einstellung der Fahrradkettenspannung.

Die Kettenspanner an den Ausfallenden am hinteren Rahmendreieck, an denen beim Fahrrad die Kettenspannung reguliert wird, dienen hier zum Spannen der zweiten, der Motorkette. Dem 140-cm³-Viertaktmotor wurde vom Werk eine Leistung von 1,1 PS (0,4 Steuer-PS) bescheinigt. Er war auf der linken Fahrzeugseite neben dem Hinterrad an drei Punkten mit dem

▲ Geringster Benzin- und Ölverbrauch, ein Edelerzeugnis von höchster Qualität und Leistungsfähigkeit: das Opel-Motor-Fahrrad für die Dame.

Rahmen verschraubt und verhalf dem Fahrzeug auf ebener Straße zu einer Geschwindigkeit von etwa 40 km/h.

Die am Hinterrad gewählte Anordnung des Motors mit einem Bohrung/Hub-Verhältnis von 57/55 mm sollte den Fahrer vor Verschmutzungen durch austretendes Öl, Ruß usw. schützen. Bei den ersten Modellen ist lediglich das Auslassventil gesteuert. Das Einlassventil arbeitet automatisch: Es wird durch leichten Federdruck geschlossen und öffnet sich durch den einen Unterdruck erzeugenden abwärts gehenden Kolben.

Die bei diesen frühen Modellen eingesetzten Bronze-Pleuelstangen wurden später durch Stahlpleuel ersetzt.

Der Antrieb des Hinterrades erfolgt über ein Kettenritzel, das nicht von der Kurbelwelle, sondern von der Nockenwelle angetrieben wird. Die wiederum dreht sich nicht wie üblich mit der halben, sondern mit einem Viertel der Kurbelwellendrehzahl, was wiederum zwei Nockenerhebungen pro Nockenwellenumdrehung erforderlich macht. Sinn und Zweck dieser Anordnung ist der Verzicht auf ein Getriebe, das zusätzlich Gewicht und vor allem Kosten verursacht hätte.

Die Schmierung der Maschine erfolgt über ein Nadelventil, wobei die Menge des zufließenden Öles durch eine skalierte Einstellschraube am Motor reguliert werden kann. Der Ölverbrauch liegt nach Herstellerangabe bei etwa 0,2 Litern auf 100 Kilometern.

Kurbelgehäuse und Öltank bilden ein gemeinsames Aluminiumgussteil. Der aus Weißblech gefertigte, drei Liter Kraftstoff fassende »Raketentank« ist mit zwei breiten Blechschellen schwingungsgedämpft unter dem oberen Rahmenrohr aufgehängt. Eine Tankfüllung reicht für ca. 120 km Fahrstrecke.

Hinter dem Tank, ebenfalls am oberen Rahmenrohr aufgehängt, befindet sich eine lederne Werkzeugtasche, die einem umfangreichen Werkzeugsortiment, vom Engländer über diverse Abziehvorrichtungen bis hin zum obligatorischen Ölkännchen, Platz bietet.

Eine an der Unterseite des Motors angebrachte Vorrichtung, die die Form eines auf dem Kopf stehenden Y besitzt, dient bei den ersten Modellen als Ständer. Später, zusammen mit der Einführung eines gesteuerten Einlassventils, kommt ein verbesserter Klappständer zum Einsatz. Zum Starten des Motors kann man der Betriebsanleitung Folgendes entnehmen:

*»Am rechten Lenkstangenrohr ist der Regulierungshebel angeordnet; derselbe ganz nach rechts gerückt, lüftet das Auspuffventil, sodass ein leichtes Anschieben der Maschine erfolgen kann. Nunmehr besteige man das Fahrrad in gewohnter Weise, bringe durch*

*einige kräftige Pedaltritte die Maschine in flotten Gang und schließe durch Linksbewegung des Regulierhebels das Auspuffventil, worauf der Motor seine Tätigkeit aufnehmen wird …«*

Opel bietet das Motor-Fahrrad anfangs in zwei verschiedenen Ausführungen an: als Standardmodell mit dem Raketentank unterhalb des oberen Rahmenrohres und in einer zweiten Variante, dem Sportmodell, das den Tank unter dem Sattel im hinteren Rahmendreieck hat. Während die von der Hinterachse zum Sattel führenden Rohre beim Raketentankmodell mit einem schwungvollen Bogen unterhalb des Sattelrohres enden, sind die Rohre bei der zweiten Variante gerade ausgebildet. Beide Modelle besitzen Freilauf-Rücktrittnaben sowie eine auf das Hinterrad wirkende Felgenbremse.

Zum Jahreswechsel 1920/21 erhält das Herrenduo eine elegante Damenversion zur Seite gestellt, mit bequemem Rahmendurchstieg und einem Netz am Hinterrad. Ferner befindet sich ein feinmaschiger Drahtkorb über dem Motor, der einem Ansaugen und Beschmutzen des Damenkleides durch den Vergaser vorbeugen soll. Haben die ersten Motor-Fahrräder noch gewöhnliche Fahrradsättel, so erhalten sie später leichte Motorradsättel. Alle drei Varianten besitzen nun gebogene, von der Hinterachse zum Sattel führende Rohre. Die Bögen sind allerdings bei den Modellen mit hinten liegendem Tank deutlich kürzer.

Wegen wiederholt reklamierter Brüche des vorderen, federnden Schutzbleches erhält dieses nun eine zusätzliche Strebe. Ferner sind die Motorschwungscheiben mit einem schmalen Schutzblech abgedeckt.

Dann ist es an der Zeit, den Motor gründlich zu überarbeiten. Es muss ja nicht gleich ein Vierventilmotor sein, aber Motoren mit ungesteuertem Einlassventil, sogenannte Schnüffler, sind in den frühen 1920er-Jahren nicht mehr zeitgemäß. So entschließt man sich im Werk, ab 1922 das Einlassventil über einen zusätzlichen Nocken zu steuern, was die Leistung des Motors von 1,1 auf 1,6 PS ansteigen lässt.

Das bereits erwähnte Stahlpleuel wird eingeführt und über eine Minikupplung, die sich in der Fichtel & Sachs-Hinterradnabe auf der rechten Fahrzeugseite befindet, können die Besitzer der neuen Modelle den Motor bei Belieben auskuppeln und das Fahrzeug als gewöhnliches Fahrrad benutzen. Betätigt wird die Kupplung über einen kleinen, am Rahmenrohr befestigten Hebel, der über einen Stahldraht mit Umlenkkettchen mit der Ausrückplatte am Ende der Radachse verbunden ist.

Weitere Neuerungen sind eine vom Motor angetriebene Ölpumpe, eine andere Lenkerform und der Verzicht auf den Opel-Schriftzug auf der Schwungscheibe.

Mit zusätzlichen Modifikationen wie beispielsweise größeren Schutzblechen und einer gegen Mehrpreis optional angebotenen Zweigang-Nabenschaltung werden die Motor-Fahrräder bis 1925 gebaut.

Und sogar diverse Rennversionen werden für den werksseitigen Einsatz gebaut. Die ersten entstehen 1920/21. Sie sind in erster Linie für Bahnrennen und dabei für die »Hilfsmotoren-Klasse« oder »Klasse der Kleinen« bis 150 cm³ konzipiert. Ihre Gabel ist mit Doppelscheiden den höheren Geschwindigkeiten angepasst. Aufgrund des relativ ebenen Untergrunds auf den speziellen Holz- oder Zementbahnen wird bei den Rennern auf die Kurzschwinge und

▼ Opel-Werksrennmaschine 1922/23: Während es sich beim Rahmen um ein Serienteil handelt, ist die Vorderradgabel für den Renneinsatz verstärkt. Im Gegensatz zu den Modellen der Serie ist der Motor wassergekühlt und verfügt bereits über fortschrittliche Vierventiltechnik. Fritz von Opel und Heinrich Herth erzielen damit einige beachtliche Erfolge.

die Federelemente der Serienmodelle komplett verzichtet. Die Gabel ist somit starr. Schutzbleche fallen der Gewichtsreduzierung zum Opfer. Die Wettbewerbsreifen mit 28 Zoll Durchmesser fallen schmaler aus als die zwei Zoll breiten Serienpneus. Das Vorderrad ist ungebremst, hinten wirkt eine Rücktrittbremse. Die aus dem Fahrradbaukasten stammenden Lenker der ersten Serie werden für den Renneinsatz leicht auseinandergezogen.

Als Kraftstoffbehälter dienen verkürzte Serientanks mit versetzten Einfüllstutzen. Sie sind aufgrund ihrer Abmessungen um ein Viertel leichter und bieten ausreichend Platz zur Befestigung des Wasserkühlers auf der rechten Fahrzeugseite, hinter dem Steuerkopf. Zwei lange Schläuche verbinden den schlanken Messingkühler mit dem links neben dem Hinterrad sitzenden Viertaktmotor, der bereits über Vierventiltechnik verfügt.

Die Nockenwelle des Rennmotors weist wie bei allen Opel-Werksrennmaschinen zwei Besonderheiten auf: Zum einen ist das Übersetzungsverhältnis von 1:4 zur Kurbelwelle ungewöhnlich, zum anderen läuft der gesamte Kraftfluss des Antriebs von der Kurbelwelle durch die Nockenwelle auf das Kettenrad. Aufgrund der halbierten Nockenwellendrehzahl eines Motors muss jeder Nocken zweimal pro Nockenwellenumdrehung vorhanden sein, was die Herstellung der Nockenwellen erschwerte. Der Vorteil dieser Konstruktion liegt jedoch in der enormen Gewichtsersparnis, da ein Getriebe überflüssig ist. Von der Nockenwelle wird die Erhebung über Rollenstößel und Stößelstangen auf zwei freiliegende Kipphebel

▲ Für die 200-$cm^3$-Klasse entstehen zur gleichen Zeit die beiden legendären, nur 69 kg wiegenden Bahnrennmaschinen. Ebenfalls mit Vierventiltechnik und Wasserkühlung ausgestattet, doch darüber hinaus noch mit Doppelzündung sowie der Verwendung von Magnesium für Motorengehäuse und Kolben zählen sie zu den schnellsten Maschinen ihrer Klasse. Beide hier abgebildeten Maschinen befinden sich noch heute im Opel-Werksmuseum.

übertragen, die wiederum über zwei Traversen die vier Ventile betätigen.
Bis Mitte 1922 kommen die Serien-Kurbelgehäuse mit angegossenem Öltank zum Einsatz. Danach erhält das Triebwerk ein komplett neues Kurbelgehäuse. Der 150-cm³-Einzylindermotor mit Pallas-Vergaser leistet etwa 4 PS bei 4000 U/min.
Der Zündmagnet liegt nun nicht mehr vor, sondern hinter dem Motor, wo er wesentlich besser gegen Stöße und vor allem gegen Spritzwasser geschützt ist. Der ebenfalls neue Öltank aus Messingblech findet seinen Platz hinter dem senkrechten Rahmenrohr unterhalb des Sattels. Dazu kommt statt der Rennradausführung ein geschwungener M-Lenker aus 25 Millimeter dickem Rohr. Wie beim Ausgangsmodell erfolgt der Antrieb zum Hinterrad über eine kurze Rollenkette.

Die Motorhalterung am Rahmen entspricht ebenfalls der Serie. Die Vorderradgabel bleibt starr; die vorderen Gabelscheiden münden in Höhe des Gabelkopfes in eine Stahlplatte und stützen sich über eine Rohrverlängerung am Steuerkopf in Höhe des oberen Steuerkopflagers ab.
Insgesamt werden vier der Knickrahmen-Renner gebaut. Um die Verwandtschaft mit der Serie zu unterstreichen, erhalten sie die gleiche Lackierung: Rahmen und Räder schwarz, Tank rot.
Stammfahrer sind Fritz von Opel, Heinrich Herth und Fritz Knappke. Dazu schwingen sich sporadisch auch die Rennfahrer Magel, Oberländer und Rauch auf die schnellen »Kleinen« der Firma Opel.

# DIE EINFÜHRUNG DER FLIESSBANDFERTIGUNG

In den Jahren des Weltkrieges ist das Unternehmen ein einziger Rüstungsbetrieb. Er versorgt das Heer mit den so notwendigen Kraftfahrzeugen wie Personen- und Lastwagen, Schleppern und sogar Flugzeugteilen.

Nach vier langen, furchtbaren Jahren ist der Krieg endlich vorüber. Weite Gebiete, darunter auch die Region der Rüsselsheimer Werke, sind vom Kriegsgegner besetzt. Das Unternehmen ist von der Außenwelt geradezu hermetisch abgeschlossen. Es werden keine Produkte mehr heraus-, keine Rohstoffe, ja, nicht einmal die von außerhalb kommenden Mitarbeiter hereingelassen. Angestellte und Arbeiter, die trotz feindlicher Verbote heimlich den Güterverkehr aufrechterhalten wollen, werden ins Gefängnis geworfen und manche sogar erschossen.

Gleichzeitig setzt eine Geldinflation ein, die als Wirtschaftskatastrophe ohnegleichen zu bezeichnen ist. Kostete ein US-Dollar im Januar 1919 noch 8,90 Mark, müssen im Februar 1923 bereits 42000 Mark, im Juli 350000 und im August 4,6 Millionen Mark dafür gezahlt werden. Angestellte und Arbeiter tragen ihren Lohn in Waschkörben nach Hause und können ihn gar nicht so schnell ausgeben, wie er an Kaufkraft verliert. Mit Leiterwagen werden Milliardenbeträge ins Werk gebracht – die doch fast nichts wert sind.

Im August 1923 bringt das Unternehmen eigenes Notgeld heraus. Doch alle Bemühungen haben keinen dauerhaften Erfolg. Fortschreitende Geldentwertung und der Mangel an Rohstoffen zwingen die Firmenleitung Ende August, das Werk zu schließen. Tausende Arbeiter stehen auf der Straße und wissen nicht, wie sie ihre Familien ernähren sollen.

In dieser schweren Zeit beruft die Geschäftsleitung eine Konferenz ein, an der neben den Werksherren die führenden Techniker und Kaufleute teilnehmen.

Fritz Opel, der sich im vorangegangenen Jahr auf einer Geschäftsreise in den USA von den fortschrittlichen Methoden und den Erfolgen der Fließbandfertigung überzeugen konnte, ist fest entschlossen, die vergleichsweise rückständige deutsche Automobilproduktion zu revolutionieren – durch völlige Umstellung auf die »Serienproduktion«.

Der Sinn einer Serienproduktion besteht für ihn darin, ein Produkt, dessen Verbrauchswert

▶ Im Jahre 1923 stellt Opel nach amerikanischem Vorbild die Produktion auf Fließbandfertigung um. Mit der Fahrrad-Abteilung wird begonnen, kurz darauf erfolgt auch die Umstellung der Automobilproduktion.

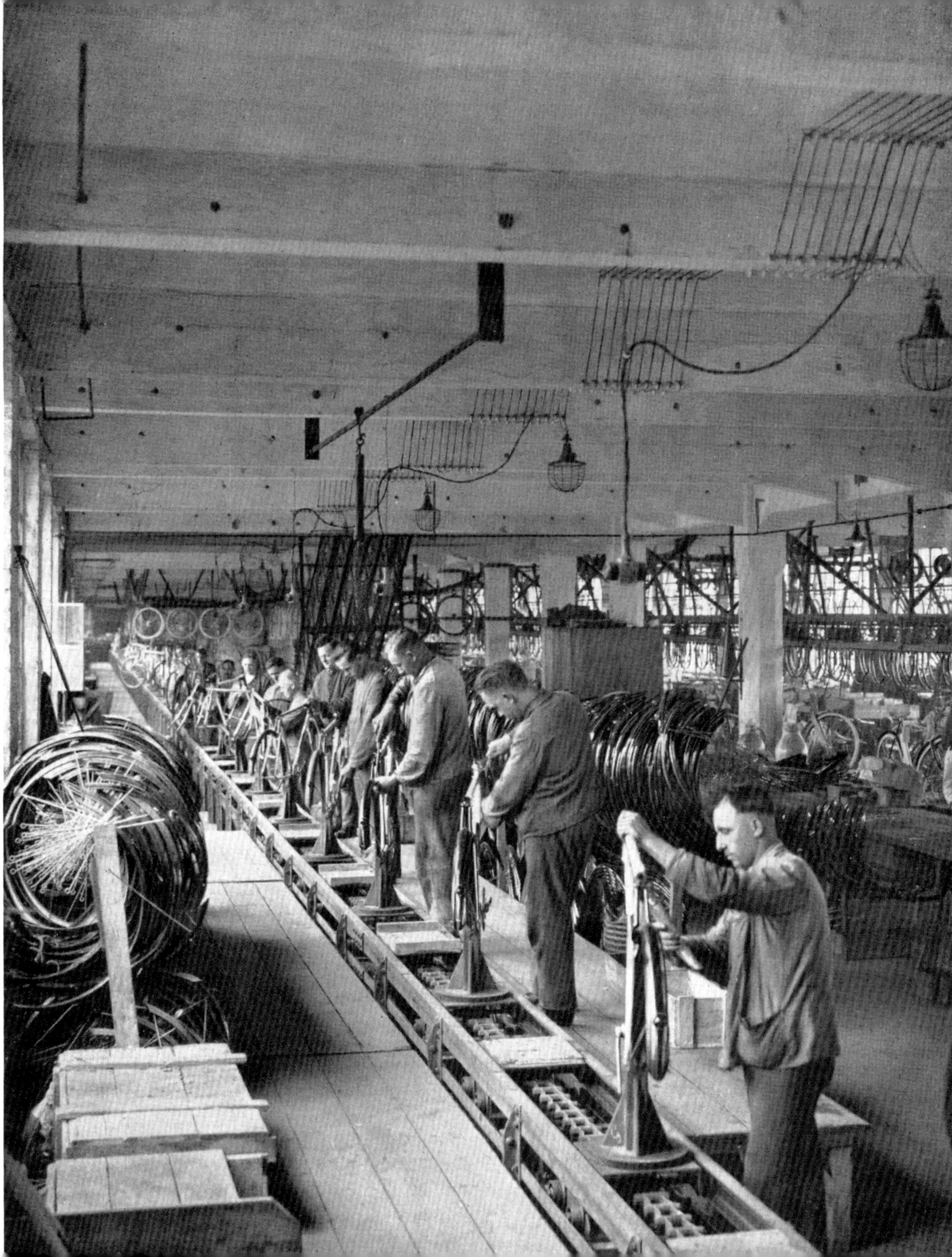

▲ Die Einführung der Fließbandfertigung erfordert gewaltige Umstrukturierungen und Investitionen in die Produktion. Doch der Aufwand sollte sich lohnen. In der zweiten Hälfte der 1920er-Jahre avanciert das Rüsselsheimer Unternehmen zum größten Fahrradhersteller der Welt.

▶ Fahrradrechnung von 1923 – es herrscht Inflation: Ein Fahrrad kostet 250 000 Mark.

feststeht oder als hoch anzunehmen ist, derart gut und preiswert herzustellen, dass sein Besitz für breiteste Käuferschichten erschwinglich wird. Mit anderen Worten: die Schaffung eines großen Marktes.

Die Umstellung wird während dieser Konferenz beschlossen. Jetzt, wo die Werkstore ohnehin geschlossen sind und weder Fahrräder noch Automobile und Motorräder hergestellt werden können, ist der günstigste Zeitpunkt, diese Pläne in die Tat umzusetzen.

Die Umstellung des Unternehmens auf die Methoden der Serien- oder Fließbandarbeit beginnt systematisch. Da die allgemeinen wirtschaftlichen Verhältnisse und die Ausführung des Vorhabens selbst größte Vorsicht gebieten, werden sie nicht von einem Tag auf den anderen durchgeführt.

Obwohl sich herausstellt, dass der bestehende Grundstock ohne nennenswerte Schwierigkeiten für die neue Arbeitsweise verwendbar ist, werden doch Umgruppierungen aller Unternehmensabteilungen sowie gewaltige Neuanschaffungen an Maschinen und weitläufige Neubauten notwendig.

Da das Fahrrad zunächst den leichtesten Absatz verspricht und infolge seiner vergleichsweise einfachen Konstruktion für die Einführung der Serienproduktion verhältnismäßig wenig Schwierigkeiten erwarten lässt, beginnt der Umstellungsprozess zunächst nur hier.

FERNSPRECH ANSCHLUSS AMT MAINZ Nº 721 u. 722
AMT RÜSSELSHEIM Nº 26 u. 27

TELEGR.-ADRESSE OPEL RÜSSELSHEIM
POSTSCHECK-KONTO Nº 2700 FRANKFURT a/M
CODE 5th EDITION A.B.C.

GEGRÜNDET 1862.

# ADAM OPEL

**FAHRRÄDER- u. MOTORWAGEN-FABRIK**

Höchste Auszeichnungen:
WIEN 1873 CHICAGO 1893
AMSTERDAM 1883 PARIS 1900
CALCUTTA 1884 MAILAND 1906
ST. PETERSBURG 1907

Abteilung: Fahrräder

E.

RÜSSELSHEIM, den 13. Februar 1923
A. MAIN

Com. No. 781

## Rechnung - Abschrift.

für Herrn Hermann K a u t h , i / H a u s e.

Chassie-Montage

Bestellt durch

*Erfüllungsort für Lieferung und Zahlung ist Rüsselsheim*

Zahlungsbedingungen ==% Sconto für Barzahlung in === Tagen oder == Monats-Accept === vom Datum der Rechnung.

*Reclamationen müssen spätestens 8 Tage nach Empfang der Ware geschehen. Für Bruch auf dem Transport wird keine Garantie übernommen, Ersatzteile werden selbstkostend berechnet.*

Sandte Ihnen für Ihre werte Rechnung und Gefahr per fahrfertig

| | | |
|---|---|---|
| 1 | 659372, O p e l - Herren No.10, 60 cm hoch, Freil./Rücktritt, Felgen schw., mit Gummi, Lenker 2a, hell Leder, Glocke & Laterne, | M 250.000.-- |

Ausnahmsweise !

Zahlbar in Monatsraten zu M 50.000.--

9/3 23 M. Fünfzigtausend Mark à Conto erhalten

24.3. 23. M. Fünfzigtausend Mark à Conto erhalten

Opel
Fahrräder
ADAM OPEL RÜSSELSHEIM A.M.
Fahrräder-u. Motorwagen Fabrik

Opel
Fahrräder
ADAM OPEL RÜSSELSHEIM A.M.
Fahrräder-u. Motorwagen Fabrik

# EIN GANZ MODERNES UNTERNEHMEN

Eine Reportage aus den 1920er-Jahren beschreibt das Unternehmen und besonders die durch eine frühzeitige Fließbandfertigung erreichte Kapazitätserweiterung des Werkes so:

*»Die Umstellung der Opelwerke auf die Methoden der Serien- oder ›Fließarbeit‹ begann systematisch, begann vor allem mit jener ungeheuren Intensität, die das Merkmal des Opel'schen Wirkens ist. Da die allgemeinen wirtschaftlichen Verhältnisse, da die Ausführung des Problems selbst große Vorsicht geboten, wurde sie selbstverständlich nicht von heute auf morgen durchgeführt. Obwohl sich erwies, dass der bestehende Grundstock der Fabrik – hier zeigt sich wieder der Weitblick der Rüsselsheimer Werksherren – ohne Schwierigkeiten für die neue Arbeitsweise verwendbar war, wurden Umgruppierungen aller Werksabteilungen, gewaltige Neuanschaffungen an Maschinen und weitläufige Neubauten nötig. Um die nötige Konzentration der Kräfte zu gewinnen, wurde die Fabrikation des Kraftrades aufgegeben und sich auf die Herstellung von Fahrrädern und Kraftwagen beschränkt. Da das Fahrrad zunächst den leichtesten Absatz versprach und infolge der Einfachheit seiner Konstruktion für die Einführung der Serienarbeit verhältnismäßig weniger Schwierigkeit bot, ward seine Produktion zunächst in Angriff genommen.*

*Schon etwa ein Jahr später (1924) war es möglich, die tägliche Produktion auf das Vier- und Fünffache der bisherigen Leistung, nämlich auf 1000 Fahrräder zu bringen, und heute, nach erst drei Jahren, darf das große Werk der Umwandlung bereits als abgeschlossen gelten. Mit einer Einrichtung, die bei einfacher Arbeitsschicht eine tägliche Erzeugung von nahezu 4000 Fahrrädern gewährleistet, sind die Opelwerke die weitaus größte Fahrradfabrik der Welt geworden.*

*Einige Angaben, die teils die Einrichtungen, teils die ungeheuren Mengen des benötigten Materials betreffen, mögen einen schwachen Begriff von der gewaltigen Leistungsfähigkeit der Opelwerke geben:*

*An jedem Fahrrad befinden sich etwa sechs Meter Rohr. Bei voller Beschäftigung werden täglich etwa 25000 Meter Rohr verbraucht, eine Menge, die genügte, von einem einzigen Monatsverbrauch eine Rohrleitung von Berlin etwa nach Budapest zu legen. Die wichtigsten Maschinen der Rohrfabrikation sind*

▲ Werksansicht um 1925.

*höchstleistungsfähige Spezialmaschinen eigener Konstruktion. Eine Spezialrohrsäge ersetzt beispielsweise in 6-stündiger Arbeitszeit 15–20 voll arbeitende Abstechbänke. Die automatische Stanzerei, ebenfalls im Werke selbst entwickelt, ist die erste ihrer Art. Hier gelang es sogar, amerikanische Lieferungsangaben um das Zwei- und Dreifache, ja, in einem Falle sogar um das Fünffache zu übertreffen. Aus eigenen Walzwerken fließt das Material den Maschinen auf kürzestem Wege zu. Das fertige Stück sowie die Abfälle fallen sodann in den unter dem Maschinenraum befindlichen Keller, jenes in einen Vorratsbehälter, diese auf eine Schüttelrinne, die sämtliche Abfälle automatisch zur elektromagnetischen Waggonladung abführt. Jedes von der Maschine abfallende Fertigteil wird im Büro der Betriebsleitung elektrisch gezählt. Ein Herrenrad besteht aus 1435, ein Damenrad aus 1465 Teilen. Würde man alle zu einem Fahrrad gehörenden Einzelteile im Abstand eines Schrittes (75 cm) nebeneinander legen, so würde der monatliche Teileverbrauch ausreichen, um ein Band dreimal um den Äquator zu legen. Diese Teile fließen als Einzelteile, teils allein, teils bereits vormontiert, aus den einzelnen Werkstätten in ein Hauptmagazin zusammen, von wo sie dann durch eine Art Baggereinrichtung automatisch entnommen und durch zwei kombinierte Transporteure, die eine Länge von fast einem Kilometer aufweisen, durch die einzelnen Stockwerke zu den betreffenden Montagen geleitet werden. Trotzdem der tägliche Materialverbrauch der Montage an Teilen über 40000 kg beträgt, wird das Lager des Hauptmagazins möglichst klein gehalten, um die zinsfressenden Lagerspesen zugunsten eines preiswerten Fertigproduktes auszuschalten. Selbstverständlich ist*

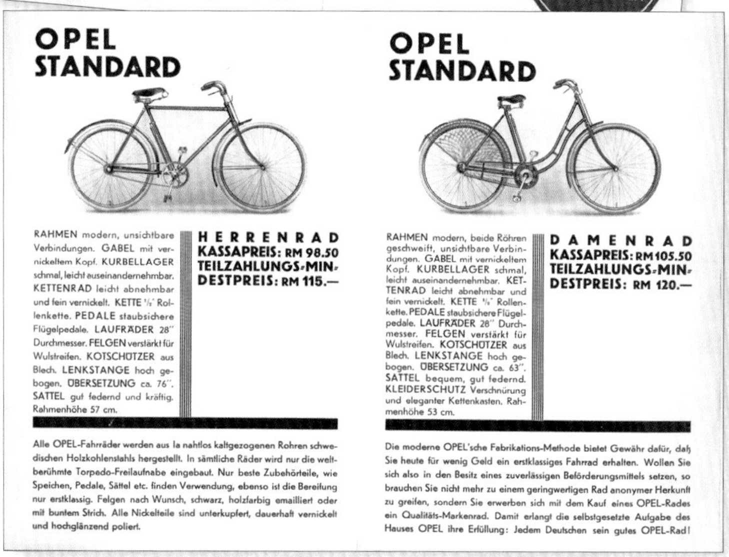


▲ Prospekt um 1928: Durch die Einführung des Fließbandes wird das Fahrrad für weite Teile der Bevölkerung erschwinglich.

▶ Die für den Rahmenbau erforderlichen Schweißgase werden in eigenen, neuen Anlagen hergestellt. Der Bedarf an Acetylen erfordert 8000 kg Karbid täglich.

*auch die Gummimontage nach dem Prinzip der Fließarbeit eingerichtet. Diese versieht die von der Radspannerei her zufließenden Räder mit Schlauch und Decke und sendet die bereiften Räder mittels Band durch ein Puffermagazin direkt der Fertigmontage zu. Die bei vollem Betriebe täglich verarbeiteten Decken und Schläuche ergeben ineinandergehängt eine Strickleiter von 20 km Höhe, eine Höhe also, welche den höchsten Berg der Erde um das Doppelte überragt.*

*Der Rahmenbau ist der Schwerpunkt der Fahrraderzeugung. Er ist bei Opel in vier selbstständige Unterabteilungen aufgelöst: den Vorderrahmenbau, den Hinterrahmenbau, den Lötrahmenbau und den Rennmaschinenbau. Opel ist eines der ersten Werke, welches sich schon seit Jahren mit dem neuzeitlichen Prinzip der Autogenmetallverarbeitung befasst. Während beim Löten zwei Metallteile aufeinandergelegt und durch Einbringung von Messing als Bindematerial sozusagen ›aufeinandergeklebt‹ werden, stellt das Schweißen ein völliges Ineinanderschmelzen zweier Teile dar. Das Schweißverfahren ist an Schwierigkeiten dem Lötverfahren bei weitem überlegen. Die größere Mühe wird aber durch die gesteigerte Güte des Rahmens mehr als aufgewogen. In der Tat sind seit Einführung des Schweißverfahrens die beim früheren Lötverfahren durch die durchlaufende Erhitzung unvermeidbaren Rahmenbrüche fast vollständig verschwunden.*

*Die beiden zum Schweißen erforderlichen Gase Sauerstoff und Acetylen werden im eigenen Betriebe erzeugt, da ihre absolute Reinheit von ausschlaggebender Bedeutung ist. Bei einem täglichen Verbrauch von 8000 kg Karbid ist die Opel'sche Anlage die weitaus größte metallurgische Acetylenanlage der Welt.*

*Das Schleifen des Rahmens wird im Werk trotz höherer Kosten ebenfalls selbst vorgenommen, um jede Spur einer Verunreinigung aus dem Material zu entfernen und die sammetartige Unterlage für die Lackierung zu schaffen.*

*Alle mit blanken Rahmen in Berührung kommenden Arbeiter tragen Handschuhe, da die Versuche ergeben haben, dass nur durch eine solche Maßnahme eine fehlerlose und haltbare Lackierung gewährleistet ist.*

*Sämtliche im Betriebe verbrauchten Schutzbleche und Felgen werden in eigener Werkstatt erzeugt. Die Felgenabteilung ist für eine tägliche Erzeugung von etwa 8000 Felgen eingerichtet, eine Menge, die seitlich aufeinandergelegt die Höhe von drei Fabrikschornsteinen von je 70 m ergeben würden. Auch bei dieser Abteilung wird wie sonst*

2
3

▶ Der Bedarf an Rohr für die Herstellung eines Rahmens liegt bei etwa sechs Metern. Das ergibt einen Verbrauch von 25 Kilometer Rohr täglich.

▶ Die erste vollautomatische Lackieranlage der Welt ist 130 Meter lang. An ihrem Ende sind Rahmen, Gabeln und Schutzbleche lackiert und eingebrannt.

▶▶ In einem vollautomatisch arbeitenden Galvanik-Bereich werden alle für das Fahrrad benötigten Blankteile wie Lenker, Kettenräder und Ähnliches vernickelt.

▶ Schutzbleche auf dem Weg in die Lackiererei.

▶ Handarbeit: Hier erhalten Rahmen, Gabeln und Schutzbleche ihre Linierung.

◀ Bis zu 8000 Felgen werden täglich in Eigenproduktion hergestellt und nach dem Schleifen und Lackieren in der Radspannerei zu kompletten Rädern verarbeitet.

◀ Bei voller Auslastung der Fertigungskapazität verlässt alle sieben Sekunden ein Fahrrad das Fließband. Hier werden die Räder für den Versand verpackt.

▶ In der Sortier- und Lagerhalle werden die Fahrräder für den Versand vorbereitet.

▶ An Schleppketten hängend, gelangen die Opel-Räder schließlich direkt zur Verladestation des firmeneigenen Bahnhofs. Vom Eingang der Bestellung bis zum Versand dauert es gerade einmal sieben Stunden.

*überall die Produktion durch elektrische Zählwerke und automatische Schreibapparate registriert, teils um den Fluss der Arbeit zu kontrollieren, teils aber auch, um ein Anschwellen des Lagers zu vermeiden.*
*Am Ende dieser Abteilung laufen die Felgen und Schutzbleche in gleicher Weise wie die aus der darunter gelegenen Rahmenfertigschleiferei kommenden Rahmen an einem Paternoster in die Lackiererei.*
*Die Lackiererei dürfte eine der größten Sehenswürdigkeiten der Opel'schen Fahrrad-Werke darstellen. Sie ist die erste vollautomatische Anlage der Welt. Sie besteht aus einer einzigen zusammenhängenden Maschine, deren Länge etwa 130 m beträgt. Von den Opelwerken selbst entworfen, wurde sie mit einem Kostenaufwand von 1 Million Mark erbaut, ersetzt aber bei vollem Betriebe etwa 300 Arbeiter.*
*Der gesamte Raum der Lackiererei ist unter Wasser gesetzt, wobei die aus Glas bestehenden Wände von Wasser berieselt werden, um jede Spur von Staub niederzuschlagen. Außerdem wird der über 10 000 cbm Luft fassende Raum unter dauerndem Überdruck gehalten, indem mittels dreier Gebläse gereinigte Luft über Ölreinigungsfilter hineingepresst wird. Kein Fenster im ganzen Raum ist zu öffnen. Selbst der einzige Eingang wird mittels Schiebe- und Drehtür hermetisch abgeschlossen.*
*Da auch die Ein- und Austrittsöffnungen für das Material durch ähnliche Vorrichtungen abgedeckt sind, bleibt ein dauernder Überdruck bestehen, sodass stets nur gereinigte Luft von innen nach außen, niemals jedoch Staub tragende Luft von außen nach innen gelangen kann.*
*Die Lackbehälter fassen etwa 88 000 Liter Lack, der durch ein sinnreiches Rohrleitungssystem dauernd auf der richtigen Höhe der Temperatur und Flüssigkeit gehalten wird.*
*Die Öfen selbst werden mit Leuchtgas geheizt, das über eine 10 km lange Leitung von Mainz nach Rüsselsheim gepresst wird.*
*Sämtliche Lack tragenden Teile des Fahrrades werden selbsttätig in dieser gewaltigen Maschinerie in unglaublich kurzer Zeit emailliert, gleichzeitig aber – und das ist der weitere unschätzbare Gewinn – in einer Qualität, die mit früheren Mitteln nicht erreichbar war.*
*Der Montageraum, in welchem das Fahrrad aus den einzelnen Teilen zu einem Ganzen zusammengesetzt wird, ist allein ein Raum von mehreren Hundert Metern Länge. Hier laufen von unten, von oben, von allen Seiten die endlosen Schwebebahnen mit dem zurollenden Material zusammen und ergeben mit den langen Reihen der Montagebänder ein Gewirr und Geschwirre, das überwältigend ist.*
*Von Hand zu Hand ohne Pausen sieht man in wenigen Augenblicken ein Fahrrad nach dem anderen entstehen. Bei vollem Betrieb verlässt alle sieben Sekunden ein Fahrrad das Band. Kaum ist die letzte Schraube angezogen, hängt das fertige Rad bereits an dem 500 Meter langen Packband, wo es eingefettet und verpackt wird und über den Sortierversandraum meist direkt in den wartenden Eisenbahnwaggon läuft. 50 Wagen werden auf diese Weise bei Hochbetrieb täglich mit jener kostbaren Ware beladen.*
*Zurzeit werden in den Opelwerken 12 verschiedene Typen von Fahrrädern erzeugt, darunter die berühmte ›Flitzer Sport‹- und die ›ZR III‹-Rennmaschine.*
*Trotzdem die Art der Serienfabrikation die konsequente Einstellung auf festliegende Typen nötig macht, sind die Opelwerke in der Lage, jede der millionenfach möglichen Variationen an Größe, an Lackierung, an Felgen, an Bereifung, die etwa von der Kundschaft gewünscht werden sollten, spätestens sieben Stunden nach Bestellung versandfertig auszuführen.«*

▲ Ein Bierkrug aus der zweiten Hälfte der 1920er-Jahre.

Eine Million
erreicht
OPEL
am 21. Juli 1926
Fahrräder!

◀ Das millionste Opel-Fahrrad befindet sich noch heute im Besitz des Unternehmens.

▶ Es lief am 21. Juli 1926 vom Band. Zur Aufnahme einer großen Hinweistafel wurde es mit einem handgefertigten Sonderrahmen ausgestattet.

▲ Die Rahmennummer.

▶ Das Steuerkopfschild entspricht dem der Serienmodelle.

▲ Damals üblich: ein sogenannter Aufstieg, der noch auf die Zeit der Hochräder zurückgeht.

# DIE STÄRKSTEN FAHRER EUROPAS FAHREN ZR III

Am 11. Dezember 1875 wird in Ludwigshafen ein Mann geboren, der 20 Jahre später den Opel-Brüdern bei zahlreichen Radrennen das Leben schwer machen sollte.

Carl Jörns, der 1893 beim Straßenrennen Neckarau–Mannheim gleich zwei erste Preise gewinnt, wird noch im selben Jahr Berufsrennfahrer bei der Nähmaschinen- und Fahrradfabrik Kayser in Kaiserslautern. Mehrfach erhält der talentierte Sportler auch Angebote von Opel, bleibt aber der Firma Kayser treu.

Neben seinem Durchbruch zum siegreichen Radrennfahrer mit steil ansteigender Bekanntheits- und Beliebtheitskurve hat er in einem Trainingsquartier in der Nähe von München erstmals Kontakt mit einem Kraftfahrzeug. Er lernt Heinrich Hildebrand und Alois Wolfmüller kennen, die gerade ein Zweizylinder-Motorrad entwickeln, das später als das erste Serienmotorrad der Welt in die Geschichte eingehen soll. Carl Jörns bietet sich als einem der Ersten die Möglichkeit, dieses Gefährt auf einer Überlandfahrt von München nach Perlach kennenzulernen.

▶ ZR III – das Rad der Sieger.

Diese Tour, erinnert sich Carl Jörns viele Jahre später, »*... wurde für mich zu einem so einzigartigen Erlebnis, dass sie wohl meinen weiteren Lebensweg mitbestimmte ...*«.

Obwohl er vorerst dem Radrennsport treu bleibt und in der Folgezeit so bedeutende Titel wie die Europameisterschaft der »Flieger«, die Weltmeisterschaft von ein bis zehn Kilometern auf dem Niederrad und – zusammen mit seinem Rennfahrerkollegen Rucker aus München – die auf dem Tandem erringen kann, fasziniert ihn das motorgetriebene Fahrzeug immer mehr. Diese Faszination führt ihn Ende 1902 nach Rüsselsheim.

Die Brüder Opel, die 1899 mit der Produktion von Kraftwagen und zwei Jahre später mit der Motorradproduktion beginnen, bieten Carl Jörns eine Stellung als Einfahrmeister in ihrem Unternehmen an. Ab 1903 soll Jörns dann auch Automobilrennen für Opel bestreiten. Und damit beginnt eine Partnerschaft, die sich sowohl für den Rennfahrer Jörns als auch für den jungen Motorwagen-Hersteller Opel als absoluter Glücksfall erweisen sollte.

In seiner aktiven Zeit bis 1926 mehrt »Carlo«

OPEL
OPEL

▶ Nachdem sich Opel Mitte der 1920er-Jahre vom Automobilrennsport zurückgezogen hat, konzentriert sich das Unternehmen verstärkt auf den Radsport. Für 1926 entsteht eine Werksmannschaft aus 18 internationalen Spitzenfahrern, darunter zahlreiche Weltmeister. Zwei Plakate erinnern an die gelbe ZR III-Werksmannschaft jener Jahre.

▶▶ Léon Vanderstuyft am 29. September 1928 während seiner Weltrekordfahrt in Montlhéry bei Paris. Seine ZR III-Rennmaschine besitzt eine 193-Zoll-Übersetzung (46 : 6 Zähne). Die Schrittmachermaschine Lehmanns ist mit einem 3-Liter-Zweizylindermotor, Windschutzschild und Distanzrolle ausgestattet.

Jörns mit 280 Siegen und vorderen Platzierungen bei unzähligen Autorennen seinen sportlichen Ruhm und beschleunigt dabei den Aufstieg der Rüsselsheimer zu einem der führenden Automobilunternehmen in Europa.

Bereits vor dem Ersten Weltkrieg baut Opel Grand-Prix-Rennwagen mit Königswellenantrieb und Vierventiltechnik und kann auch ab 1920 wieder an die motorsportlichen Erfolge der Vorkriegszeit anknüpfen.

Bei der Süddeutschen Tourenfahrt 1926 kommt es dann aber zu einer für die motorsportlichen Aktivitäten des Rüsselsheimer Unternehmens folgenschweren Entscheidung. Zwar kommt die aus fünf Einzelteams bestehende Opel-Mannschaft bei dieser wichtigen und prestigeträchtigen Veranstaltung strafpunktfrei ins Ziel, doch werden alle Fahrzeuge nachträglich von der Obersten Nationalen Sportkommission (ONS) mit je 20 Strafpunkten belegt. Die Gründe hängen mit dem strengen Reglement zusammen: Bei Zuverlässigkeitsfahrten ist es den Fahrern strikt verboten, unterwegs die Hauben zu öffnen, um Arbeiten am Motor durchführen zu

OPEL
BRICHT DEN WELTREKORD
122,771 km in der Stunde
Auf der Autorennbahn von Montehéry bei Paris gelang es dem belgischen Dauerfahrer Léon Vanderstuyst hinter dem Schrittmacher Lehmann 122,771 km zurückzulegen und damit den von Brunier vor drei Jahren an gleicher Stelle errungenen Weltrekord von 120,900 km zu brechen. Weitere Weltrekorde stellte er auf über 25 km (12:41,8), über 50 km (24:44,8) und über 100 km (49:00). Die unerhörten Leistungen waren nur möglich mit einem Rad, das höchste Leichtigkeit mit höchster Festigkeit verbindet. Vanderstuyst benutzte daher das Rad, das in seiner Güte einzigartig dasteht, das Rad der größten Fahrradwerke der Welt, das Rad der Räder OPEL.
BITTROF

▶ Steherrennen sind nicht gerade ungefährlich. Zwischen 1899 und 1928 ereignen sich allein 47 Todesstürze. 33 Steher und 14 Schrittmacher bezahlen ihre Leidenschaft mit dem Leben.

können. Zur Sicherheit werden die Hauben vor dem Start verplombt.

Natürlich werden auch die Opel-Wagen ordentlich versiegelt. Als alle fünf Autos nach zehn Tagen schließlich ins Ziel rollen, sind alle Plomben unversehrt. Das bringt den Gesamtsieg, die Freude ist groß. Doch die Ernüchterung folgt auf dem Fuß: Zahlreiche Konkurrenten legen bei der Fahrtleitung Protest ein, weil die Fahrzeuge Vorrichtungen an den Hauben hätten, die ein Öffnen ohne Beschädigung der Plomben ermöglichen würden. Genaue Untersuchungen bestätigen dies, die Sportkommission disqualifiziert Opel nachträglich.

Ein teilweise sehr emotional geführter Schriftwechsel setzt ein, bei dem weder die ONS noch das Haus Opel seine Position aufgeben will.

Der Skandal, in dessen Verlauf die ONS alle Opel-Fahrzeuge von sämtlichen Motorsportveranstaltungen bis zum 31. Dezember 1927 ausschließt und die Rüsselsheimer in Zeitungsinseraten die ONS als Abkürzung für »Ohne Nationalen Sinn« verunglimpfen, gipfelt schließlich darin, dass Opel sich in letzter Konsequenz vom Motorsport ganz zurückzieht:

»*Die Firma Opel hat beschlossen, sich an Rennveranstaltungen nicht mehr zu beteiligen. Die auf diese Weise erzielten Ersparnisse kommen der Qualität sowie den Preisen der Wagen zugute*«, lautet die offizielle Erklärung.

Doch schon kurz darauf beruhigen sich die Gemüter wieder. Bei einem Treffen am 22. November 1926 in Berlin nehmen die Rüsselsheimer ihre Vorwürfe gegen die ONS zurück. Im Gegenzug hebt die Sportkommission die Disqualifikation auf. Opel darf wieder starten.

Und dennoch: Die Luft ist erst einmal für viele Jahre raus. Engagierte Privatfahrer mischen zwar auch im Jahre 1927 wieder erfolgreich mit, doch im Werk hat man offensichtlich die Lust am Motorsport verloren.

Dieses »Herunterfahren« der motorsportlichen Aktivitäten hat aber auch seine positiven Seiten. Im Radrennsport wird jetzt mit noch größerem Engagement gekämpft. Opel verpflichtet die besten Fahrer Europas. Bereits 1925, als die Schranken und Fesseln der französischen Besatzung gefallen waren, ergriff das Unternehmen die Initiative, deutsche und ausländische Radrennfahrer im In- und Ausland wieder starten zu lassen.

Wo die gelbe Opel-Mannschaft erscheint, fallen ihr wie in früheren Jahren die Siege zu. So

◀ Die ZR III-Rennmaschine, mit der Vanderstuyft 1928 den Weltrekord aufstellte, befindet sich noch heute im Besitz des Unternehmens. Es war ein Weltrekord, der viele Jahre Gültigkeit haben sollte.

auch bei den internationalen Straßenrennen »Rund um Zürich«, »Bern–Genf« oder »Zürich–Chaux de fonds«.

Das bedeutendste Radsportereignis, das Opel mit den gelben ZR III-Rennmaschinen wieder für sich entscheiden kann, ist die im August 1925 in Amsterdam ausgetragene Steher-Weltmeisterschaft. Der Franzose Robert Grassin geht daraus als überlegener Sieger hervor und erringt damit den höchsten Titel im Radsport. In ganz Europa eilt er nun von Sieg zu Sieg. Berlin, Brüssel, Paris, Marseille – wo er auftaucht, ist er unschlagbar.

Für 1926 gelingt es den Rüsselsheimern, noch weitere Spitzenfahrer Europas für die Werksmannschaft zu verpflichten; unter ihnen die Belgier Jules van Hevel, Philippe Maurice Ville, die italienischen Favoriten Gaetano Belloni und Adriano Zanaga und neben dem Straßenmatador Gaj den Schweizer Lehner, moralischer Sieger der Amateur-Weltmeisterschaft des Jahres 1925, um nur einige zu nennen. Mit 18 fest engagierten deutschen und ausländischen Straßenfahrern hat Opel die bisher größte Werksmannschaft in der Unternehmensgeschichte zusammengestellt.

Dieses überaus erfolgreiche Team wird noch von den großen Bahnfahrern dieser Zeit, Robert Grassin, Weltmeister 1925/26, Jaap Meyer, Sprint-Weltmeister 1925/26 sowie Jean Rosellen, Jean Weiss und dem Steher-Weltmeister von 1928 und 1931, Walter Sawall, unterstützt.

▶ Der Italiener Gaetano Belloni (Mitte), Berufsrennfahrer von 1915 bis 1931, ist in den 1920er-Jahren einer der größten italienischen Radrennfahrer. Er gewinnt so berühmte Rennen wie den Giro d'Italia, die Internationale Meisterschaft von Deutschland, die Piemont-Rundfahrt und viele mehr. In New York und Chicago wird er 1922, 1929 und 1930 Sechstage-Sieger. Philippe Thys (rechts), belgischer Berufsfahrer zwischen 1912 und 1927, ist mit drei Tour de France-Siegen 1913, 1914 und 1920 nicht weniger erfolgreich. Mit Brille Fritz von Opel, Enkel der Firmengründers.

▶ Mittagspause im Opel-Rennstall.

▲ Zieleinlauf Deutschlandrundfahrt.

◀ Die Opel-Mannschaft auf der Rütt-Arena. Von links: van Hevel, Gerard Debaets, Gaston Debaets, Jacquinot, Vermandet, Blanchonnet, Ville, Ibron, Sellier, Zanaga, Belloni, Thys.

◄ Für den Fall der Fälle versorgte eine Flotte der gerade erst am Markt eingeführten Schnell-Lastwagen Opel Blitz die teilnehmenden Werksmannschaften während der Rennen mit Ersatzteilen. Darunter waren auch die Teams von Frischauf, Phänomen und Wanderer.

◄▲ Durch den ebenen Fahrbahnbelag und die überhöhten Kurven waren in dem großzügig dimensionierten und 1500 m Strecke messenden Beton-Oval Geschwindigkeiten bis an die 140 km/h möglich.

▼ Auf der zwischen 1917 und 1919 gebauten Opel-Rennbahn, die ursprünglich nur als Test- und Einfahrbahn für Pkw gedacht war, wurden vor dem Zweiten Weltkrieg unzählige Fahrrad- und Motorradrennen veranstaltet. Die rund zwei Kilometer südlich von Rüsselsheim gelegene Rennstrecke existiert noch heute, ist aber nicht mehr befahrbar.

Rennimpressionen.

Sachs-Motor

**Sieger, Sieger und nochmals ...**

... Sieger auf dem Opel-Berufsfahrermodell ZR III.

▶▼ Obwohl auf den ersten Blick sehr ähnlich, so unterschieden sich die Werks-Rennmaschinen in manchen Details doch von den käuflichen ZR III-Modellen, zum Beispiel durch ihre kleinen ovalen Steuerkopfschilder, andere Gabelköpfe und je nach Verwendungszweck auch veränderte Lenker und Ausfallenden.

◄▼ Zum Vergleich: oben ein Werksmodell, unten das käufliche ZR III. Gewöhnlich war der Trinkflaschenkorb jedoch ein Gebilde aus stabilem Stahldraht.

# OPEL-SIEGE

## im MONAT SEPTEMBER 1926

| | | | |
|---|---|---|---|
| 1. September | Broni | 40 Kilometer-Mannschaftsfahren . | BELLONI |
| 2. September | New-York | 50 Kilometer-Meisterschaftsrennen | GRASSIN |
| 5. September | Frankfurt a. M. | 50 Kilometer-Dauerrennen . . . . | CHRISTMANN |
| 5. September | Berlin | Vorgaberennen . . . . . . . . . . . | KOCH |
| 5. September | Zürich | Kleiner Herbstpreis . . . . . . . . . | LÄUPPI |
| 12. September | Nürnberg | Goldenes Rad von Nürnberg . . . | ROSELLEN |
| 12. September | Stradella | 40 Kilometer-Mannschaftsfahren . | BELLONI |
| 12. September | Zürich | Großer Preis von Zürich . . . . . . | SUTER |
| 12. September | Mailand | 50 Kilometer-Mannschaftsfahren . | ZANAGA |
| 19. September | Berlin | Großer Preis der Extraklasse . . . | SAWALL |
| 19. September | Braunschweig | Großer Einweihungspreis . . . . . | ROSELLEN |
| 26. September | Chemnitz | Demke-Memorial . . . . . . . . . . | SAWALL |
| 26. September | Chemnitz | Großer Herbstpreis . . . . . . . . . | SAWALL |
| 26. September | Berlin | Bruno Demke-Erinnerungspreis . | KOCH |

## Großer Preis von Deutschland

SIEGER: VERMANDEL

## Opel

**erringt gleichzeitig den Preis der Konstrukteure für die best-placierte Mannschaft**

# OPEL Z. R. III

ORIGINAL-MODELL

Das weltberühmte Rad der Räder. Bei unzähligen Rennen hat es seinem Fahrer zum Siege verholfen. **Rahmen:** Spezial-Rennkonstruktion, aus nahtlos gezogenem schwedischem Chromnickelstahl, außenliegende profilierte Muffen, Emaillierung gelb, Steuerkopf mit schwarzem Strahlenstern, Auswurfnocken in Spezial-Rennausführung. — **Gabel:** nahtlos gezogener Spezial-Nickelstahl, konisch verlaufend, mit eingesetzten senkrechten Auswerfern. — **Tretlager:** Spezial-Rennkonstruktion, Achsen aus Chromnickelstahl, beiderseitig hohl gebohrt, Lagerschalen durch drei gemeinsam geschnittene Gewinde fixiert und absolut wasser- und staubdicht abgeschlossen. — **Kurbeln:** aus Chromnickelstahl, elegantes Profil, absolute Steifheit beim Antritt. — **Kettenrad:** mit angewalztem Rand, zentriert, fünffach verschraubt und gegen Abscheren gesichert. — **Kette:** ½" Teilung. — **Kettenöler:** automatische Öler am Sattelstützrohr. — **Pedale:** Rennpedale mit Haken und Lederriemen. — **Felgen:** Original-Holzfelgen 27". — **Bereifung:** Straßen-Rennreifen 27 x 1". — **Schutzbleche:** ohne. — **Lenkstange:** tiefgebogen, in allen Stellungen handl. Rennlenker Modell 1. — **Flaschenkorb:** mit 2 Trinkflaschen und Opelauge. — **Naben:** Vorderradnabe: Spezial-Rennabe, Hinterradnabe: Freilaufnabe mit Rücktrittbremse und doppelten Zahnkränzen. — **Sattel:** langer, heller Rennsattel. — **Tasche:** Leder-Renntasche am Sattel mit komplettem Werkzeug. — **Pumpe:** Rahmenpumpe, schlauchlos. — **Rahmenhöhe:** 52, 56 cm.

**GRÖSSTE PRODUKTION DER WELT**

◄ Das ZR III kostet 1931 komplett ausgestattet 185 Mark.

◄ Zur serienmäßigen Ausstattung der ZR III-Rennmaschinen gehörte der Flaschenkorb mit zwei Trinkflaschen.

# SCHWERE ZEITEN – MIT GENERAL MOTORS DURCH DIE WELTWIRTSCHAFTSKRISE

Die späten 1920er-Jahre sind für die Opel-Brüder schwerer, als es nach außen hin den Anschein hat. Die Umstellung des Unternehmens auf die Fließbandfertigung hat hohe Summen verschlungen, die im alltäglichen Geschäft fehlen.

Über zwei Generationen hinweg hatte die Familie Opel untereinander reibungslos und zielstrebig zusammengearbeitet, um das Werk zu dem modernen und vorbildlichen Unternehmen zu machen, als das es sich in dieser Zeit präsentiert. Durch das Wachstum des Unternehmens selbst, seiner Geschäftsfelder und Märkte ergibt sich nun jedoch eine neue Situation. Die internationalen wirtschaftlichen Machtverhältnisse, insbesondere in der Automobilindustrie, lassen schon seit einiger Zeit eine Schwerpunktverlagerung nach den USA erkennen. Die europäischen Märkte werden mit Automobilen großer amerikanischer Hersteller wie Ford, General Motors und Chrysler geradezu überflutet. Gleichzeitig sinkt der Export deutscher Automobile drastisch in den Keller. 1929 liegt die Quote deutscher Fahrzeuge im eigenen Lande bereits unter 60 Prozent.

Der Automobilindustrie stehen schwere Zeiten bevor.

Als 1927 und 1928 die beiden Opel-Brüder Carl und Heinrich sterben, beginnen die Brüder Wilhelm und Fritz ernsthaft, einen Käufer für das Unternehmen zu suchen. Die innerhalb von zwei Jahren zweifach angefallene Erbschaftsteuer hat die finanziellen Reserven des Hauses stark angegriffen. Gleichzeitig müssen die Produktionsanlagen, die in den vergangenen Jahren bis an die Grenzen ihrer Belastbarkeit strapaziert wurden, in absehbarer Zeit grundlegend renoviert werden.

Tatsächlich hatte Dr. Ing. h. c. Wilhelm von Opel bereits 1926 die ersten Kontakte mit General Motors (GM) geknüpft und eine Beteiligung von GM an der Opel KG angeboten. Ein Jahr später lässt General Motors ihn wissen, dass man eher an einem Kauf als an einer Beteiligung interessiert sei. Dieses Interesse wird noch gesteigert, als die deutschen Einfuhrzölle Anfang 1928 drastisch erhöht werden und ausländische Hersteller um ihre Marktanteile fürchten müssen. Am 24. Januar 1929 werden, als erster Schritt der Transaktion, die Opel-Werke in eine Aktiengesellschaft umgewandelt. Noch im März des gleichen Jahres zahlt General Motors knapp 30 Millionen Dollar für 80 Prozent der Aktien. Die noch im Familienbesitz verbleibenden 20 Prozent gehen im Oktober 1931 ebenfalls in den Besitz von GM über. Im September 1929 wird I. J. Reuter als erster Amerikaner Generaldirektor der Adam Opel AG. Die beiden Opel-Brüder werden Mitglieder des Aufsichtsrates, Wilhelm übernimmt dabei den Vorsitz.

Von allen diesen Veränderungen im Hause Opel bleibt die Fahrradproduktion weitestgehend unberührt. Ganz im Gegensatz zur Motorradfertigung: Gerade erst hatte man die Produktion der futuristischen Opel Motoclub-Modelle aufgenommen, als die Entscheidung getroffen wird, nicht weiter in den Motorradbau zu investieren und dafür die Automobil- und Fahrradproduktion zu forcieren.

Wenige Tage später sieht es dann aber so aus, als ob sich alle Prognosen für die nächsten Jahre innerhalb von Minuten in Schall und Rauch aufgelöst hätten: Am 29. Oktober 1929 sorgt der »Schwarze Freitag« an der New Yorker Börse für eine Weltwirtschaftskrise, die unzählige Firmen in den Bankrott treibt.

Mit der Übergabe des Opel-Werkes an GM haben die Opel-Brüder gerade noch den Absprung geschafft. Dennoch haben sie dem amerikanischen Konzern ein Unternehmen überlassen, das auch für schlechte Zeiten gut gerüstet ist. Mit Unterstützung aus Übersee sollte Opel auch aus dieser Krise gestärkt hervorgehen, und mancher Kritiker, der den Opel-Brüdern noch wenige Monate zuvor den Ausverkauf der deutschen Industrie vorgeworfen hatte, lobt nun plötzlich deren unternehmerischen Weitblick,

▼ Von der futuristischen Opel Motoclub 500 wurden zwischen 1928 und 1930 etwa 5000 Exemplare gebaut.

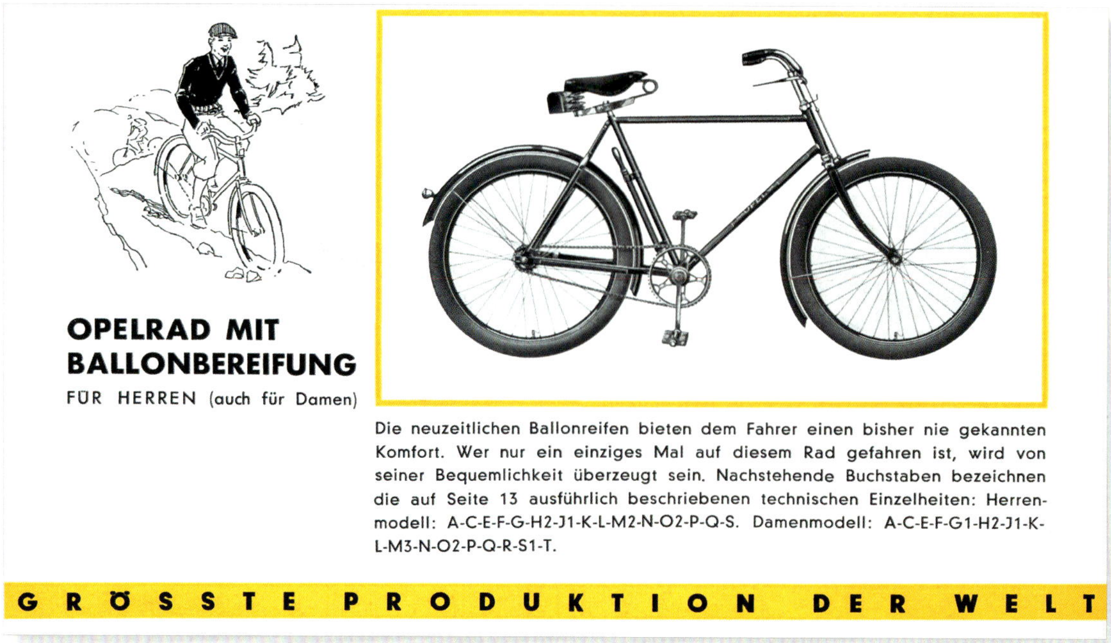


▲ Wer hätte das gedacht? Trotz seines doch recht plumpen Aussehens gewinnt der Ballonreifen rasch Liebhaber. Bereits 1932 werden mehr als 20 % der verkauften Räder mit Ballonreifen ausgerüstet.

da sie ihr Werk in die Hände von General Motors weiterreichen. Rückläufige Verkaufszahlen zeigen sich sowohl in der Kraftfahrzeug- wie auch in der Fahrradbranche. Die Stagnation zwingt sogar bedeutende alte Werke zur Aufgabe ihrer Produktion.

Entschlossen, die führende Stellung auf dem Weltmarkt zu erhalten, geht das Opel-Management an die Erforschung der Ursachen des Rückgangs im Fahrradgeschäft. Eine vollkommene Neuorganisation des gesamten Fahrradverkaufs ist die Folge. Sie soll helfen, die entstandenen großen Händlerkreditgeschäfte in gesunde Bahnen zu lenken.

Dem Wunsch vieler Käufer entsprechend, wird im Jahre 1930 die Ausstattung des Fahrrades mit Ballonbereifung in das Fertigungsprogramm aufgenommen. Und mit den neuen Blitz-Rädern will man zu den denkbar niedrigsten Preisen die Anschaffung eines guten, zuverlässigen Fahrrades ermöglichen.

Das Produktionsprogramm sieht für 1931 weitere Modelle vor, die den neuen Wünschen der Abnehmer angepasst sind. Bei diesen Modellen sind sämtliche bisher vernickelten Teile verchromt.

Das Jahr 1932 zwingt die Unternehmensleitung erneut, die Preise zu senken. Das Opel-Standard-Rad kostet nur noch 69, das Marken-Volksrad »Blau-Blitz« sogar nur noch 57,50 Reichsmark.

Mehr als 20 Prozent der Fahrräder werden inzwischen mit Ballonreifen ausgeliefert. So auch das 2 000 000. Opel-Fahrrad, ein Opel-Blitz-Damen-Modell, das im Juli vom Band läuft.

Als einen bedeutenden Fortschritt im Fahrradbau kündigt das Unternehmen für 1933 den

▼ Neuheit 1933: Opel-Doppelstabil-Rahmen.

neuen Doppelstabil-Rahmen an. Seit Jahrzehnten hatte das Rahmengerüst des Fahrrads so gut wie keine konstruktiven Änderungen mehr erfahren. Es besteht nach wie vor im Wesentlichen aus zwei Rahmenteilen, dem Hauptrahmen und dem das Hinterrad aufnehmenden Hinterbau. Beide Teile sind durch recht komplizierte Zwischenstücke und zahlreiche Schweißstellen miteinander verbunden.

Charakteristisch für die als DRGM geschützte Neukonstruktion ist die Verbindung der beiden Rahmenteile zu einem organischen Ganzen. Dies wurde erreicht, indem man das obere und untere Hauptrohr (Oberrohr und Unterrohr) in zwei nebeneinander liegende Rohre geteilt hat. Diese beiden Rohrpaare führen in einem durchgehenden Stück vom Lenkrohr aus oben rechts und links am Sattelrohr vorbei und unten unter dem Tretlager bis zur Achse des Hinterrades. Durch diese Doppelrohrkonstruktion erhält der Rahmen nicht nur eine erhöhte Stabilität gegen seitliche Verwindung, sondern auch eine wesentlich gefälligere Form.

Neu ist ferner die Führung des Bremsgestänges durch eine im Schutzblech eingelassene Verstärkung.

Bevor die serienmäßige Fabrikation einsetzt, werden ausgedehnte Versuchsfahrten unternommen. Bekannte Rennfahrer treiben die Räder mit Doppelrohrrahmen monatelang unter erschwerten Bedingungen über Tausende von Kilometern schlechter Straßen.

Zur besseren Ausnutzung der Fertigungskapazität geht das Unternehmen auch wieder zur erweiterten Fabrikation von Einzelteilen wie rostfreien Ketten, Speichen und Felgen über.

Im Frühjahr des Jahres 1934 scheint die Talfahrt endlich überwunden zu sein.

Infolge der lang anhaltenden Wirtschaftskrise ist ein erheblicher aufgestauter Bedarf an Fahrrädern vorhanden. Hinzu kommt vor, dass sich durch den Einfluss der Arbeitsbeschaffungsmaßnahmen der Reichsregierung die Zahl der Erwerbslosen wesentlich verringert und damit zugleich die Zahl der Fahrradkäufer ansteigt. Tatsächlich werden etwa 30 Prozent

◀ Firmenlogo und Opel-Schriftzug sogar auf der Vorderradnabe und den Laschen der Kette.

▶ In zahlreichen Variationen kennzeichneten über Jahrzehnte fünf Ringe im Kettenblatt die Fahrradmodelle des Hauses Opel.

▶ Parallel zu den 1933 in den Handel gekommenen Doppelstabil-Modellen werden weiterhin die Räder mit den Standardrahmen produziert. Dieses noch im Originalzustand befindliche Damenrad der Modellreihe »Grünschild« wurde 1936 kurz vor Aufgabe der Fahrradproduktion gefertigt. Es besitzt 28"-Räder, die Felgen sind in der Mitte mit einem Holzdekor versehen. Viele der verwendeten Komponenten tragen unverwechselbar das Firmenlogo.

▶▶ Unverwechselbar: die Herkunft der verwendeten Bauteile an den Opel-Fahrrädern der 1930er-Jahre.

▲ Der große Opel-ZR III-Fahrer der 1930er-Jahre, Erich Metze. Seine bedeutendsten Erfolge:
- 1929 Deutscher Meister
- 1931 Sieger Deutschlandrundfahrt
- 1933 Deutscher Stehermeister
- 1934 Steherweltmeister

mehr Fahrräder verkauft als in den Jahren zuvor. Während im Januar des Vorjahres noch etwa 6000 Beschäftigte im Rüsselsheimer Werk verkürzt arbeiten mussten, wird die Zahl der Belegschaft ein Jahr später mehr als verdoppelt. Es geht wieder bergauf.

Große Stückzahlen werden an verschiedene Behördenstellen ausgeliefert; sogar der Reichsarbeitsdienst setzt die neuen Fahrräder mit Doppelstabil-Rahmen zu Tausenden ein. Aber auch die Automobilproduktion zieht wieder kräftig an. Die Fertigung der neuen 1,3-Liter- und der Sechszylindertypen ist in vollem Gange. Der Automobilbau und mit ihm der Wunsch, das deutsche Volk zu motorisieren, steht jetzt im Vordergrund.

Auch das Engagement des Unternehmens im internationalen Radsport hält unvermindert an. In der Zeit vom 3. bis 24. Mai 1931 wird die von Opel veranstaltete Internationale Deutschlandrundfahrt ausgetragen. Sie umfasst eine Strecke von 4000 Kilometern und ist in 16 Tagesetappen aufgeteilt. Start und Ziel ist Rüsselsheim. Es ist die erste internationale Radsportveranstaltung

OPEL

OPEL

OPEL

OPEL

OPEL

▶ Streckenführung des Radrenn-Klassikers Basel–Cleve, der 1894 von Fritz Opel gewonnen wurde. Das in zwei Etappen über eine Gesamtdistanz von 658 Kilometern gefahrene Rennen wurde 1934 zum letzten Mal ausgetragen.

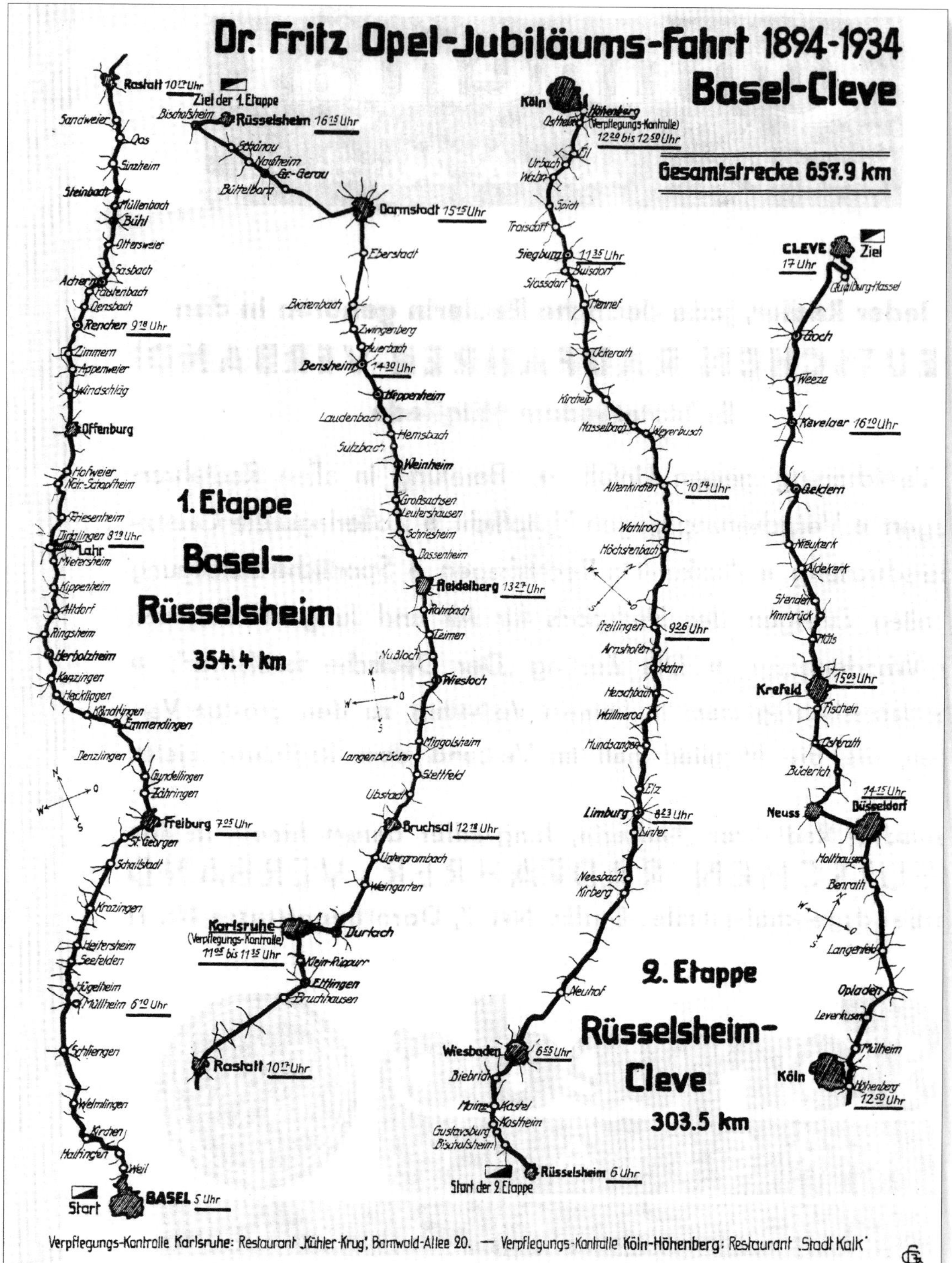

# GELEITWORTE!

Am 15.-16. September sind es genau 40 Jahre her, seit der junge Fritz Opel die damals zum ersten Male zum Austrag gelangende Distanzfahrt Basel-Cleve gewann. Der Deutsche Radfahrer-Verband hat es freudigst begrüßt, daß Dr. Fritz Opel anläßlich des 40. Jubiläums seines großen Sieges die Wiederholung der klassischen Straßenfahrt ermöglicht.
Nicht als Einzelrennen, sondern als großer Mannschafts-Kampf wird das diesjährige Basel-Cleve ausgetragen. Die Schweiz, Belgien und Deutschland entsenden ihre stärksten und schnellsten Leute in die aus je 12 Mann bestehenden Ländermannschaften. Diese Länderkämpfe erfreuen sich in allen Sportarten größter Beliebtheit, sind sie doch dazu angetan, die Sportgemeinschaft zwischen den einzelnen Nationen zu fördern.
Der deutsch-polnische Radländerkampf Berlin-Warschau war in jeder Hinsicht ein hervorragender Erfolg. Durch ihn wurden die bisher nur losen radsportlichen Beziehungen zwischen uns und Polen gefestigt und vertieft. Mit der Schweiz und Belgien hat das radsportliche Deutschland von jeher ein enges Band verknüpft.
So wird es am 15. und 16. September einen heftigen Kampf zwischen Mann und Mann, zwischen Mannschaft und Mannschaft geben. Möge dieser Kampf jederzeit sportgerecht geführt werden, möge der beste Fahrer, die zuverlässigste Mannschaft, gleich welcher Nation, den Sieg in dem schweren „Dr. Fritz Opel-Jubiläums-Rennen" davontragen.

**Führer der deutschen Radfahrer gez. OHRTMANN**

**BELGISCHE Nationalmannschaft**

1. André, Paul
2. Lowagie, Joseph
3. Debroux, Raymond
4. Leclercq, Emile
5. Liegeois, Joseph
6. Lodewyck, Jean
7. Rimbaut, Louis
8. Seghers, Guill
9. Tock, Albert
10. van der Borght, Louis
11. Van Genck, Arthur
12. Dekeyser, Albert
13. Helsen, Jean

darunter:
Ein Ersatzfahrer

**DEUTSCHE Nationalmannschaft**

21. Sebastian Krückl, München
22. Hans Weiss, Berlin
23. Karl Wierz, Düsseldorf
24. Walter Loeber, Frankfurt a. M.
25. Fritz Scheller, Bielefeld
26. Willi Oberbeck, Hagen
27. Konrad Kranzer, Nürnberg
28. Richard Balzer, Berlin
29. Hans Hauswald, Chemnitz
30. Wilhelm Hupfeld, Dortmund
31. Otto Figay, Dortmund
32. Kurt Fuhrmann, Breslau
33. Berthold Böhm, Berlin
34. Walter Langmann, Schweinfurt
35. Friedr. Schellhorn, Schweinfurt
36. H. Schultenjohann, Dortmund

darunter:
Vier Ersatzfahrer

**SCHWEIZER Nationalmannschaft**

41. Leo Amberg, Ballwil
42. Fritz Hartmann, Safenwil
43. Hans Schrade, Basel
44. Ernst Nievergelt, Zürich-Affoltern
45. Gottlieb Weber, Winikon-Uster
46. Joh. Meier, Remigen (Rüfenach)
47. Franz Wyss, Turgi
48. Otto Suter, Ausserdorf, Seon
49. Werner Buchwalder, Rothrist
50. Willy Kern, Zürich
51. Alfred Staub, Zürich
52. Paul Magnin, Le Sentier
53. Marsiglio Maccagni, Quartino
54. René Heimberg, Genf
55. Paul Boillat, La Chaux-de-Fonds
56 Alfred Vicquéry, Noes p./Sierre
57. Georges Gorgiat, Lausanne

darunter:
Fünf Ersatzfahrer

▲ Volksfest: Start der 2. Etappe Basel–Cleve 1934 auf der Rüsselsheimer Opel-Rennbahn

▲ Mit am Start die neuen Doppelstabil-Rennmaschinen von Opel.

dieser Art in Deutschland. Fahrer aus Frankreich, Belgien, Italien, der Schweiz, Luxemburg, Holland, Österreich und Deutschland gehen an den Start. Zum Mannschafts-Wettbewerb sind von jeder Nation sechs Fahrer zugelassen, von denen die drei besten gewertet werden. Neben Einzelpreisen für jeden Etappensieg stehen für die Einzel- und Mannschaftswertung nennenswerte Geldbeträge bereit.

Sämtliche Fahrer starten auf Opel ZR III-Rennmaschinen mit Continental-Bereifung und Torpedo-Freilauf. Die Fahrer dürfen ihre eigenen Lenker und Sättel mitbringen, die restliche Ausrüstung ist einheitlich. Damit zählt nur die Leistung und Ausdauer des Fahrers. Diese Großveranstaltung gilt als d a s radsportliche Ereignis des Jahres und führt über Freiburg, Ulm, München, Schweinfurt, Erfurt, Dresden, Breslau, Liegnitz, Berlin, Magdeburg, Hamburg, Hannover, Dortmund, Aachen und Trier. Millionen von Zuschauern säumen die Rennstrecke und verfolgen die spannenden Wettkämpfe der 36 Fahrer, von denen lediglich 25 am Ziel ankommen. Der Ländersieg geht an die deutsche Mannschaft, Einzelsieger wird der Dortmunder Erich Metze, der die beste Zeit mit 138 Stunden und 25 Minuten fährt.

▲ Schweiz, Belgien, Deutschland: Für den großen Mannschaftskampf entsenden die Länder ihre Nationalmannschaften im September 1934 zum »Dr. Fritz Opel-Jubiläums-Rennen«. Tausende von Zuschauern säumen die Straßen …

◀ … auf denen die jeweils zwölf schnellsten Fahrer der teilnehmenden Nationen den Wettkampf austragen. Auf den Tag genau hatte 40 Jahre zuvor Fritz von Opel das Distanz-Rennen von Basel nach Cleve gewonnen und dabei als Newcomer die stärksten Fahrer der Nation deklassiert.

▶ Im Sommer 2009, genau 75 Jahre nach dem legendären Distanz-Rennen Basel–Cleve, nimmt eine Gruppe Radsportfans die über 600 Kilometer lange Strecke noch einmal unter die Räder. Und wie im Jahre 1934 mit Original-ZR III-Rennmaschinen, die inzwischen fast 80 Jahre alt sind.

▼ Eines der Etappenziele: die Adam-Opel-Statue in Rüsselsheim.

▲◄ Service unterwegs.

▲ Reifenpanne.

◄ Alle Teilnehmer erreichten das Ziel.

Bereits vor der Jahrhundertwende offerierte Opel seinen Kunden neben den reinen Rennmaschinen sogenannte Halbrenner, die je nach Ausstattung als Sport- oder Rennrad erhältlich waren. In der zweiten Hälfte der 1920er-Jahre erhalten die eleganten Halbrenner die Zusatzbezeichnung »Flitzer«.

▶ Zusammen mit der neuen Bezeichnung bekamen die Flitzer auch ein eigenes Steuerkopfschild. Die in ihrer Grundfarbe Schwarz gehaltenen Modelle wurden mit farbigen Strahlensternen wahlweise in Orange, Grün oder Türkis ausgeliefert.

▶▶ Je nach Fertigungszeitraum waren die Rahmenverbindungen geschweißt oder gemufft und gelötet. Holzfelgen gab es gegen Aufpreis. Die beliebten Flitzer wurden zu Tausenden verkauft.

◄ 1929 überrascht das Unternehmen mit zahlreichen Raketenversuchen. Auf der Straße, auf der Schiene und sogar in der Luft beweist Fritz von Opel der Welt, dass es möglich ist, den Raketenantrieb für Fahr- und Flugzeuge nutzbar zu machen. Auf der Berliner Avus startet er mit einem von Raketen angetriebenen Spezialfahrzeug. Aufgrund seiner sensationellen Erfolge bietet das Werk in den Jahren 1929/1930 ein besonderes Rennrad, das Modell »RAK«, an. Es war deutlich teurer als der »Flitzer« und zählt aufgrund seiner kurzen Bauzeit heute zu den absoluten Raritäten.

◄ Auch die RAK-Modelle verfügten über eigene Steuerkopfschilder, auf denen das Raketenfahrzeug abgebildet war.

◄◄ Die Rücktrittnabe ist mit doppelten Zahnkränzen ausgestattet und trägt die Prägung »Torpedo Sieger 1927/1928 Weltmeisterschaft«.

▲ Kurz nach dem Erscheinen der neuen Doppelstabil-Modelle wartet das Rüsselsheimer Unternehmen in der Saison 1933 auch mit einer neuen Rennmaschine auf. Als Nachfolger der legendären ZR III-Berufsfahrer-Modelle, mit denen unzählige Rennen bis hin zu Weltrekorden und Weltmeisterschaften gewonnen wurden, besitzt auch die neue Profi-Rennmaschine den Doppelstabil-Rahmen.

▶ Durch die Verwendung von zwei Zahnkränzen mit unterschiedlichen Zahnzahlen lässt sich die Übersetzung an die jeweiligen Erfordernisse der Rennstrecke anpassen.

Unter- und Oberrohre der Doppelstabil-Rahmen bestehen aus zwei parallel nebeneinander angeordneten, durchgehenden Rohren, die vom Steuerrohr bis zu den Ausfallenden führen. Anstelle des ZR III-Schildes ziert ein gelbes Opel-Schild den Steuerkopf der Rennmaschinen. Wie bereits das berühmte Vorgängermodell, so war auch die »Doppelstabil«-Rennmaschine in verschiedenen Rahmenhöhen erhältlich. Die Lackierung war traditionell Gelb-Schwarz, es waren aber auch Rahmen in vernickelter Ausführung erhältlich.

# DAS ENDE DER OPEL-FAHRRAD-PRODUKTION

Spezialisierung, das heißt stärkste Konzentration auf bestimmte Fabrikationszweige, ist für die großen Werke der deutschen Fahrzeugindustrie eine unbedingte Notwendigkeit und eine unerlässliche Voraussetzung zur Lösung der mit der Motorisierung auftretenden vielseitigen und umfangreichen Aufgaben. So glaubt man jedenfalls 1936.

*»Nach reiflichen Überlegungen beschließen daher Aufsichtsrat und Vorstand der Adam Opel AG, die Herstellung von Fahrrädern zum Ende des Jahres 1936 aufzugeben. Mit diesem Entschluss wird eine jahrz[ehntelange Opeltradition beendet«*, heißt es schon bald in einer offiziellen Stellungnahme des Unternehmens. *»[Dieser Beschluss] musste gefasst werden«*, so die Geschäftsleitung, *»um alle verfügbaren Kräfte für die Motorisierung freizumachen, der wir uns nunmehr mit aller Energie widmen wollen. Die in dem Fahrradgeschäft ruhenden Werte gehen nicht verloren: Die NSU-D-Rad Vereinigte Fahrzeugwerke Neckarsulm – die sich seit Jahren auf das diesem Unternehmen eigene Gebiet des Bauens von Fahrrädern und Motorrädern spezialisiert haben – übernehmen die Rüsselsheimer Fahrradfabrikation und leiten unsere im Verlauf von Generationen aufgebaute Fahrrad-Verkaufsorganisation auf die NSU-Fahrradverkaufsorganisation über. Die Arbeitskameraden, die seither in der Fahrradabteilung beschäftigt waren, werden, soweit nicht in einzelnen Fällen eine besondere Verwendung besteht, in unseren Automobilbau übernommen.«*

In einer Mitteilung an die Belegschaft des Unternehmens heißt es:

*»Unsere Fahrradabteilung ist, wie schon bekannt, ab dem 31. Dezember 1936 auf die NSU-Werke Neckarsulm übergegangen. Ab 1. Januar 1937 werden sämtliche Fahrrad-Angelegenheiten (Verkauf, Kundendienst und Garantie) von der Fahrrad-Abwicklungsstelle Fawis […] bearbeitet.*

*Opel-Original- und NSU-Fahrräder werden bis auf weiteres auf ähnlicher Grundlage wie seither an Werksangehörige zum Werkspreis abgegeben. Bestellungen sind ab 1. Januar 1937 an die Fawis zu richten.«*

Tatsächlich läuft die Fließbandfertigung von Fahrrädern bei Opel noch etwa sechs Wochen weiter. Am Sonnabend, den 13. Februar [1937]

findet anlässlich des Abschieds vom Fahrradbau ein großer »Kameradschaftsabend« statt, dessen heiterer Verlauf nicht ohne Wehmut ist. Der Abschied vom Fahrradbau ist der Abschied von einem Teil des Werkes, der wesentlich dazu beigetragen hat, den Namen Opel in aller Welt bekannt zu machen und ihm viel Respekt und Achtung einzutragen.

Betriebsleiter Dr. Fleischer legt in seiner Ansprache noch einmal die Gründe dar, die zur Abtretung des Opel-Fahrradbaues an die NSU-Werke geführt hatten, und betont erneut die Notwendigkeit, »zur Motorisierung Deutschlands« alle Kräfte der größten Automobilfabrik Europas auf die Automobilproduktion zu konzentrieren.

Heute wissen wir, was die nationalsozialistischen Parteifunktionäre mit dieser von ihnen angestrebten Motorisierung Deutschlands kurz vor Beginn des Zweiten Weltkrieges gemeint haben, und es erscheint mehr als fraglich, ob die Aufgabe der Fahrradfabrikation wirklich eine freie Entscheidung der Unternehmensleitung war.

Die Machtübernahme Adolf Hitlers in der ersten Hälfte der 1930er-Jahre zeigt neben all ihren weiteren und schrecklichen Konsequenzen damit bereits Auswirkungen im Bereich der Kraftfahrzeugindustrie. So gibt es in jenen Jahren einen Generalbevollmächtigten für das Kraftfahrzeugwesen, Oberst von Schell. Ihm kommt in der zweiten Hälfte der 1930er-Jahre die Aufgabe zu, einen Plan zu entwickeln, nach dem die gesamte Kraftfahrzeugindustrie durch eine Typenbereinigung auf eine nach Ansicht des Nazi-Regimes ausreichende Fahrzeugpalette zu reduzieren war. Der sogenannte Schell-Plan führt praktisch zu einem erzwungenen Produktions- und Typenkartell innerhalb des deutschen Kraftfahrzeugwesens. Motorräder sind dabei ebenso von der Vereinheitlichung betroffen wie Personen- und Lastkraftwagen und alle anderen Nutzfahrzeuge auch.

Für die Motorradindustrie bedeutet das beispielsweise, dass von den bis dahin gebauten 335 Motorradtypen in Deutschland insgesamt nur noch 81 übrig bleiben sollten. Dies entspricht einer Reduzierung der Modellvielfalt um sage und schreibe 75 Prozent.

Eine Maßnahme, die natürlich einen gewaltigen Einschnitt in die Selbstständigkeit der einzelnen Unternehmen, ihre Wettbewerbsfähigkeit und Modellpolitik bedeutete. So sollte es laut Schell-Plan in Deutschland beispielsweise nur noch sieben verschiedene 125er-, neun 250er- und vier 350er-Modelle geben.

Einer der wesentlichen Gründe für die geplante Vereinheitlichung lag darin, dass das Regime von Beginn die Absicht verfolgte, nach Kriegsbeginn einen Großteil der privaten Fahrzeuge zu requirieren, das heißt ihre rechtmäßigen Besitzer zu enteignen, um deren Fahrzeuge dann der Wehrmacht zuzuführen. Und dort ist es natürlich von großer Bedeutung, dass beispielsweise für Reparatur- und Wartungsarbeiten an fernen Kriegsfronten ausreichend Ersatzteile vorhanden sind. Wenn dann beispielsweise eine Wehrmachts-Victoria mit den Teilen einer Horex instand gesetzt werden konnte, war ein wesentliches Ziel des Schell-Plans erreicht.

▲ 15. Februar 1937: Mit der Rahmennummer 2 621 964 läuft das letzte Opel-Fahrrad vom Band. Mit einem entsprechenden Hinweisschild im Rahmendreieck kommt es nach Abschluss der Feierlichkeiten in das Firmenmuseum des Rüsselsheimer Unternehmens.

▶ Blick in das firmeneigene Museum. Adam Opels erste Nähmaschine hat hier ebenso ihren Platz gefunden wie die in den Anfangsjahren produzierte Kapselmaschine und diverse Fahrradmodelle.

◄ Bereits 1937 bietet die NSU in einem Fahrradprospekt die neuen NSU-Opel-Modelle an.

◄◄ Das gleiche Rad mit neuem Namen. Alle Bauteile wurden weiter verwendet. Selbst das Kettenblatt und der für die Opel-Fahrräder der 1930er-Jahre so typische Zeppelin auf dem vorderen Schutzblech.

▼ Für etwa ein Jahr werden die neuen Modelle in Neckarsulm unverändert produziert. Dann verschwinden alle noch auf Opel hinweisenden Merkmale für immer von den NSU-Rädern.

▲ Preisliste für NSU-Opel-Fahrräder von 1937.

NSU-Direktor Fritz von Falkenhayn vermutet in seiner Rede, dass im Zeichen des Volksautos das Fahrrad vermutlich zum Aussterben verurteilt sei, und diese Erkenntnis sei wohl für Opel der wahre Grund gewesen, den Fahrradbau abzustoßen. Deshalb werde er in 50 Jahren noch einmal kommen, um den Opel-Automobilbau nach Neckarsulm zu holen, denn dann sei Opel wohl genötigt, sich ganz auf den Flugzeugbau zu konzentrieren.

Am Montag, dem 15. Februar 1937, ist es dann endgültig so weit: Das letzte Opel-Fahrrad läuft vom Band. Ein Modell der Blau-Chromklasse mit der Rahmennummer 2 621 964.

Fein säuberlich wird dem letzten Opel-Fahrrad ein Erinnerungsschild ins Rahmendreieck geschraubt, dann wandert es ins Opel-Museum. Mit Fahrradaugen betrachtet: ins Walhalla der Stahlrösser. Fahrräder aus den Anfängen, Holzräder mit Eisensattel, Hochräder, ehrwürdige Maschinen wie die Basel–Cleve-Siegermaschine, der »Vanderstuyfts Opel-Bahnrenner«, der lange noch den Weltrekord von 122,771 km/h hält, das einmillionste und das zweimillionste Opel-Fahrrad – kurzum, eine ehrenwerte Fahrradgesellschaft ist hier versammelt, und das letzte Opel-Rad wird die Reihe dieser zweirädrigen Fahrzeuge abschließen.

# DAS FRONTERA BIKE

Im Sommer 1994 erinnert man sich in der Marketingabteilung des Unternehmens der langen Tradition der Fahrradproduktion. Spezialisten entwickeln daraufhin ein Konzept für ein wunderschönes Offroad-Bike, das denselben Namen wie die erfolgreichen Opel-Geländewagen trägt: Frontera.
Kurz vor Pfingsten 1995, also 58 Jahre nachdem das letzte Opel-Fahrrad verkauft wurde, gelangt die streng limitierte Auflage von 2265 Einheiten zur Auslieferung.
Das Frontera Bike, das schon nach kürzester Zeit vergriffen ist, verbindet die Form eines amerikanischen Beach-Bikes mit der Qualität und Stabilität eines hochwertigen Mountain-Bikes. Die dunkelgrüne Metallic-Lackierung, kombiniert mit den hellbraunen Bezügen des Sattels und des Lenkervorbaus sowie den schwarzen Abdeckscheiben im Hinterrad, die ein Blockieren des Rades durch Äste und dergleichen abseits befestigter Radwege verhindern sollen, verleihen dem Bike einen einzigartigen Charme.
Sollte nun dieses Frontera Bike, von dem sich die meisten Exemplare längst in Sammlerhänden befinden, als das letzte von Opel verkaufte Fahrrad in die langjährige Geschichte des Rüsselsheimer Unternehmens eingehen, oder war das ein neuer Anfang?
Natürlich nicht. Eine nette Marketing-Spielerei – nichts weiter.

▼ Das Frontera Bike von Opel.

# SCHLUSSWORT

Was könnte diesem Buch einen schöneren Ausklang verleihen als die Stimmen derer, die vor mehr als einem halben Jahrhundert die damals größte Fahrradfabrik der Welt noch live erlebt haben?
Lassen wir zum Abschluss der Opel-Fahrrad-Geschichte also einmal Menschen zu Worte kommen, die einst in der Fahrradfertigung der Firma Opel beschäftigt waren. Die Erinnerungen dieser Zeitzeugen, hier wiedergegeben wie gesprochen, wurden dem Autor mit freundlicher Genehmigung von Herrn Dr. P. Schirmbeck, dem Leiter des Museums der Stadt Rüsselsheim, zur Verfügung gestellt.

Ihm sowie allen Freunden und Bekannten, die zum Gelingen dieses Buches beigetragen haben, möchte ich an dieser Stelle noch einmal meinen besonderen Dank aussprechen.

Rüsselsheim, im Sommer 2011

*Jürgen Nöll*

# ERINNERUNGEN AN DIE ARBEIT BEI OPEL IN DER FAHRRADABTEILUNG

**Anna K., geb. 1909:**
Ja, 1924 bin ich dahin gekommen, um die Weihnachtszeit. Da war immer ein bisschen Hochsaison, da hat man dann eher Arbeit bekommen. Ich war ja erst 15 Jahre alt. […] Das war halt primitiv alles, nicht so schön wie heut. Am Tag haben wir ungefähr so 25 bis 30 Fahrräder verpackt. Bis dann das Laufband gekommen ist. Von 30 mussten wir nachher am Tag 3000 […] am Band, das war das Letzte, was so gemacht wurde. Manchmal haben wir auch länger schaffen müssen. Der junge Opel Fritz hat gesagt: »Heut bleibt ihr alle da.« Und dann kam er und hat jedem eine Tafel Schokolade gebracht. Na ja, das war mal was Neues, das konnten wir uns nicht kaufen, das war ja zu teuer, und dann haben wir geschafft bis 10 [abends], das tät heute keiner mehr machen.

*Erzählen Sie doch mal, was Sie da alles gemacht haben?*

Ei ja, ich habe Speichen einziehen müssen […] dann waren wir am Band, da waren wir zwischen den Männern; Schutzbleche habe ich da eingezogen, und dann ist man wieder ein Stück weiter nach hinten gekommen und hat ein Stück verpackt. Dann hat der Meister gerufen: »Da vorne fehlt ein anderer!« An die Schutzbleche sind Stängchen drangesetzt worden, wo das Schutzblech mit befestigt ist. Und dann haben wir manchmal Fahrräder fix und fertig machen müssen. Da mussten wir Netze dranmachen. Wir haben halt alles geschafft.

*Waren das Fahrräder auf Bestellung, oder wurden die so in der Serie produziert?*

Das war meistens auf Bestellung, und das war auch nicht nur Opel. Das war alles: Da hat's Borussia, da hat's Hassia gegeben […] auch Ausländer hat's gegeben.

*Wenn das auf Bestellung war, wurden da an einem Tag verschiedene Fahrräder gemacht oder immer nur größere Posten?*

Nein, an einem Tag sind da verschiedene […] Es waren manchmal nur kleine [Order], wo nur 20 bis 30 davon abgelaufen sind. Das hat man dann morgens gewusst, man hat einen Zettel gekriegt. […] Die sind von oben von der Lackiererei runtergelaufen; vorne die Gabeln und die Schutzbleche haben am Band gehangen, und da hat man ja gewusst, was man machen musste. Hinten sind dann die Lenker fertig gemacht worden. Ich habe eigentlich alles

◄ Ein Prospekt vermutlich aus dem Jahre 1926 beweist es: Unter dem Namen Hassia vertreibt Opel preiswerte Fahrräder, um auch mit billigen No-Name-Produkten konkurrieren zu können.

geschafft. Das hat mich auch interessiert, weil man ja selbst ein Fahrrad hatte. Da habe ich gedacht, das musst du selbst können, dann brauche ich keinen, wenn mal was kaputt ist.

*Und was hatten Sie für ein Fahrrad?*

Ich? Einen alten Schinken. So einen klabusterten.

*Gab es auch schon Schichtarbeit? Früh-, Spät- oder Nachtschicht?*

Ich habe schon früh, spät und nachts geschafft. Aber zu Anfang haben wir nur früh geschafft. Die Schicht ist erst nachher gekommen, wie wir am Band waren, oben, am »Jazz-Band«, da hat's Früh- und Spätschicht gegeben.

*An welchem Band, haben Sie gesagt? Was war denn das »Jazz-Band«?*

Die haben immer gesagt: das Jazz-Band. Ja, hinauf, »morgen kommst de hinauf nach Amerika«. Nix wie hinauf, das ist dann das Band gewesen, da haben die auch nicht jeden genommen. Die haben das das »Jazz-Band« genannt, warum weiß ich auch nicht. Das war ein Fahrradband. Und wenn's geheißen hat, »morgen kommst du nach Amerika«, da wollten alle nach »Amerika«, denn dort hat man das doppelte Geld verdient. Wenn du unten warst, die haben da den kleinen Kram von Anfang und noch weiter für die einzelnen Geschäfte, die so kleine Bestellungen hatten. Das ist nachher auch ans Band verteilt worden.

*Und gab's dann auch mehr Arbeit am Band?*

Ei ja, was denn! Da hast du keine Zeit für aufs Klo zu gehen. Wenn du keinen Ablöser hattest, dann hast du sitzen bleiben müssen, das war genau wie es jetzt auch noch ist.

**Der gelernte Dreher Heinrich B., geb. 1908, stand an einer Drehbank im Akkord:**

Ich habe die Tretwerkachse gedreht. Das ist die Achse an einem Fahrrad, unten, wo die Kurbeln drauf sind, wo getreten werden. Die hab ich ein halbes Jahr gedreht.

Ich habe nachts im Bett ausgeschlagen, wo ich ein- und ausgespannt habe. Ich hab meiner Frau im Gesicht rumgemacht. Die ist wach geworden und hat gesagt: »Heiner, was ist denn los?« Habe ich gesagt: »Sei mir nicht bös, ich habe halt wieder gedreht beim Opel.« [lacht]

*Und Sie haben doch auch die Rohre für die Damenfahrräder gebogen?*

Die habe ich gebogen, ja. Das war auch eine Vorrichtung, die musste man einstellen, dass man den Radius herausgekriegt hat. Wenn man das ein paar Mal gemacht hat, war man spezialisiert da drauf. Aber wenn man auch laufend dieselbe Arbeit gemacht hat, das hat mir auch wieder gestanden bis oben.

Die Arbeit muss ja gemacht werden, aber es gibt viel Menschen, die ein bisschen linke Hände haben, die kann man an einer Arbeit kann man die schulen. Aber wenn man was kann, will man auch in seinem Beruf schaffen.

Ich kann das heute nicht verstehen, dass die den Fahrradbau aufgegeben haben. Die haben in einem Tag 3200 Fahrräder gemacht. In einem Tag! Soll man gar nicht für möglich halten. Und die Gebäude waren gar nicht so groß, vorne, wo die gemacht worden sind. Waren damals schon ein bisschen spezialisiert.

**Heinz T., geb. 1918, stammte aus einer alten Rüsselsheimer Opel-Arbeiter-Familie:**
Mein Großvater, der war der Erste, der bei Opel war. Der ist geboren am 2. Januar 1862. Der hat geheißen Johann Martin T. der III. Und der hat bei Opel hat der Schlosser gelernt und mit den Jahren hindurch – dort hat es noch keine Werkmeister gegeben – war er in diese Stellung und hat auch Lehrlinge ausgebildet. Meine Großmutter, die hat immer für ihn Eier in ein Körbchen rein, und mein Großvater hat sie zu Sophie Opel, das war über der Bahnlinie, dort hat er die Eier hingebracht jeden Morgen. Dann ist er rüber über die Barriere [Bahnschranke] ins Werk rein. […] Mein Vater, der hat dann auch dort gelernt und war in der Reparatur. […] Und wie ich dann aus der Schule gekommen bin, habe ich eine Lehrstelle gesucht. Die hat es damals beim Opel nicht gegeben. Da habe ich Schlosser gelernt. Ich bin aber, nachdem ich Geselle war, zu Opel. Da war ich in der Fahrradabteilung und habe dort die Pneus von Reifen kontrolliert auf Druck und ob sie genau gesessen haben.

*Schildern Sie doch mal die Entstehung der Felge vom Rohblech bis zur Montage.*

Die Abteilung, die war schon ziemlich groß, nämlich damals hat man schon Bänder gehabt. Und da wurden die Fahrräder montiert. Und links und rechts war dann in demselben Raum war da eine Abteilung, die haben vormontiert. Zum Beispiel da waren ganz vorne die Felgen. Die sind unten im ersten Stock sind die über Maschinen aus Flachbändern geformt worden und sind in Kreisen abgesägt worden, dass Naht an Naht stand. Dann war weiter weg eine Schweißmaschine. Minus und Plus. Da hat sich das zusammengeschweißt. Dann wurde die Naht mit großen Schmirgelscheiben weggeschliffen. Dann wurde sie in Maschinen gelegt, die hatten vorne so Bolzen dran. Wenn man draufgedrückt hat auf den Hebel, sind diese Bolzen vor und haben den eingelegten Ring durchschlagen. Da waren sämtliche Löcher drin. Dann ist man hingegangen, da sind

die alle noch mal geschliffen worden. Dann ist so ein großes Bad gewesen mit irgendwelcher Flüssigkeit dann, wo dieses staubfrei und säurefrei gemacht hat. Das waren Tri-Bäder. Dieses Tri, das tut das Metall abwaschen. Verstehen Sie? Nimmt das Fett und Schmutz alles weg. Und dann sind diese Felgen dort durch ein Lackbad gelaufen – je nach Farben, wie man sie haben wollte.

Und da war eine Maschine, müssen Sie sich vorstellen, das waren links und rechts so Laufrollen und oben – wie so ein Dreieck – oben auch. Da haben sie die Felge genommen, haben oben dagegen gedrückt und runtergelassen, da ist die gelaufen. Verstehen Sie? Da war an irgendeiner Rolle war ein Antrieb. Und dann war unten ein Kasten, da war Farbe drin. Da konnte sie rausschwenken, da sind zwei ganz kleine Rollen in die Mitte von dieser Felge gelaufen. Da haben sie in der Felge dann die zwei – Wo sie gedacht haben: Wie machen die das, dass die so wunderschön? – sagen wir mal rote und dann schwarze, zwei wunderschöne schwarze Streifen links und rechts von den Speichen.

Wie die getrocknet waren – die sind durch den Ofen gelaufen –, sind dann die Speichen eingezogen worden. Da hat jeder Schraubstock hat da so eine Gabel gehabt, da wurde die hingelegt, da wurden die Speichen eingezogen so provisorisch mit der Nabe. Dann hat man die eingesetzt und dann sind die zentriert worden. Verstehen Sie?

Und so waren die Abteilungen, waren links und rechts. Die haben da vorbereitet auf den

Rahmen, der auf dem Gestell am Band gesessen hat. Das ist ganz langsam gelaufen.
Damals hab ich mir ein Rad zusammengestellt, nur vom Besten. Ballonreifen, Speziallackierung. Weil ich ja da drin war, konnte ich mir alles so aussuchen. Das habe ich mir dann ausgesucht: Torpedo-Freilauf. Und das habe ich dann unten, am Hauptportal konnte ich das abholen, fix und fertig verpackt. Das hat mich ganze 90 Mark gekostet. Das war ein Rad, also das kriegen sie heute vielleicht für drei-, vierhundert Mark.
Man hat nicht allein Opel-Fahrräder gebaut, sondern auch für andere. Was glauben Sie? Frischauf, Brennabor und wie viel Fahrradwerke, die haben nur ihr Schild da vorne drauf gemacht. Die hat man alle bei Opel gebaut, weil wahrscheinlich verschiedene Werke, auch kleinere, die konnten gar nicht so viel auswerfen.

**Alois H., geb. 1904, begann 1927 als Schweißer im Fahrradbau:**
Und da mussten wir den Tag 85 Rahmen schweißen. […] Das musste alles so geschweißt sein, dass die Schleifer wieder mit ihrem Akkord zurechtgekommen sind. Dass die nicht so viel zu schleifen hatten. Und wenn sich einer gut angelassen hatte, wie gesagt, den ersten Tag hat man vielleicht 15 oder 16 Rahmen gepackt. Den zweiten Tag kam man vielleicht auf 20, 21. Und dann ist man auf 26, 27 gekommen.
Dann kam mal ein Tag, da ist man wieder zurückgefallen bis auf 18, 19. Es hat einfach nicht geklappt den Tag, gell. Konnte man machen, was man wollte! Und dann ist der Vorarbeiter angefangen: »Mensch, du wirst als schlechter! Guck doch mal, was hast du denn jetzt? Mach nur so weiter! Da bist du keine drei Tage mehr da, da frisst de kein Pfund Salz mehr.« So ist das da gegangen, nicht.
Und den nächsten, da hat man halt wieder draufgehalten und vielleicht wieder geschafft bis auf 30. Aber es hat Wochen gedauert, bis man auf 85 war.
Die haben es jeden Tag gemacht. Wenn man morgens bis zum Frühstück keine 13 Rahmen gemacht hatte, hat man es nicht mehr gepackt. Nachmittags hat das ja nachgelassen, gell.
Ich hab in 45 Stunden 46 Mark verdient damals. […] Es war Kolonnenakkord, was die im Monat dann ausgerechnet haben, hat es noch mal so eine Nachzahlung gegeben. Und da hat man sich gestanden, wenn man den Durchschnitt gerechnet hat, 50, 52 Mark.
Wir hatten eine Frau bei uns, die hat schon 16 hat die geschweißt. Also, ihr gleichzukommen, da musst sich einer schon gut anstellen. Und das war eine Mordsmaschine. Und die musste immer als Erste fertig sein. Und da war einer, der hat zu mir gesagt: »Du, Alois, wollen wir die Lina mal ein bisschen gieksen. Mir halten mal, was es heißt, was gibst de, was haste und wir müssen es schaffen, dass wir die Lina hinten dran stellen.«
Ach du Gott, was war das für ein Theater! Wir haben tatsächlich zwei, drei Tage geschafft, bis wir es so hatten, dass einer den Rahmen schneller ans Band gehängt hat. Alle vier Minuten mussten wir einen Rahmen ans Band hängen. Tatsächlich hatten wir die Lina geschlagen, und da hat die den Brenner aufgehauen: »Ihr könnt machen, was ihr wollt!« Die hat alles ihrem Brenner zugeschrieben. Und der Vorarbeiter, der konnte machen, was er wollte, der hatte einen anderen Brenner gebracht und alles – sie sind nicht dahintergekommen, was da los war. Und dann haben wir eingestanden, dass wir uns gegenseitig gekeilt haben, um die Lina mal hinten dran zu stellen. Und dann war sie wieder zufrieden, dann ist das alles wieder

seinen Lauf gegangen. Und die hat den Brenner aufgehauen, und hat alles kaputt gehauen …!«

*Sie waren immer in der Saison im Fahrradbau?*

Ei, im Frühjahr, wo die Saison mit den Fahrrädern angegangen ist. Das ist den Sommer über gegangen, und im Herbst war es wieder aus. Da sind nicht so viele Räder verkauft worden. Sommer war immer Saison. Na, und wenn keine Saison war, da sind die Einzelnen, die sind verteilt worden überall hin in den Betrieb, wo sie gearbeitet haben. Im Frühjahr musste der Betrieb sie wieder abgeben, und dann sind sie wieder hingekommen zum Schweißen. Da sind hier die Räder gekommen, die wurden dann hingestellt an die Wand, je nach Farbe. Da hat der Vorarbeiter so eine lange Liste gehabt und wusste genau, was für Farben er montieren muss.

Dann wurde der Schlauch eingelegt und die Decke. Und die ist dann aufgezogen worden, ist Luft reingelassen worden richtig. Da hat man so einen Prüfer gehabt. Das habe ich gemacht. Das war eine ganz schöne … das war man einfach nicht gewohnt, trotzdem ich als Schlosser schwer gearbeitet habe. Aber da haben sie den ganzen Tag haben sie da gestanden. Die Arbeit war nicht schwer. Bin manchmal abgebrochen, ne. Man hat sich dran gewöhnt. Und habe immer versucht, jetzt auf meinem Beruf dahin zu kommen in den Motorenbau.

*Und die Arbeit war nicht schwer?*

Nein, die war nicht schwer.

*Nur anstrengend, oder?*

Ach, die war nicht anstrengend. Die war so eintönig, wissen Sie. Da haben sie [die Arbeiter] nicht denken brauchen dabei. Ich habe die Uhr – die sind da aufs Band gelaufen, da wo diese Speichen waren und diese Felgen. Da haben sie immer die Uhr … so und so viel Atü, weiter. Dann haben sie sie genommen, haben sie nebenhin gesetzt. Und da ist immer einer gekommen und hat sich wieder so einen Schwung unter den Arm genommen für die Räder, die da montiert worden sind. Da haben sie überhaupt nimmer denken können. Wenn Mittagspause war, das hätten Sie mal sehen sollen! Da waren ganze Stöße von Decken und diese Gummireifen da. Da haben sie sich dann hingehauen. Das war schön weich, die waren noch verpackt. Da haben sie die Stunde da geschlafen; von 7 bis 3.15 Uhr haben sie da gearbeitet. Die haben ihr Brot mitgebracht und ihren Kaffee oder Tee. Da hat man daneben gesessen. Da waren auch viele Frauen in der Abteilung. Da ist auch ein bisschen geflirtet worden so. Da hat jeder so ein bisschen mit jemand …

Das war ein ganz schönes Verhältnis. Ich war der Jüngste dort. Bis ich dann gemerkt habe: »Nee, hier bleibst de nicht.« Und durch einen Bekannten bin ich dann in den Motorenbau. Und da ist es rundgegangen.

▶ **Nur die Fabrikansicht beweist, dass die Hassia-Fahrräder tatsächlich in Rüsselsheim gebaut wurden.**

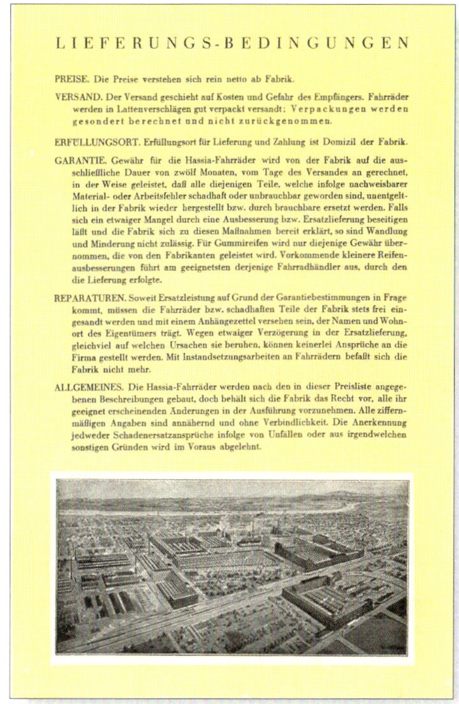

LIEFERUNGS-BEDINGUNGEN

PREISE. Die Preise verstehen sich rein netto ab Fabrik.

VERSAND. Der Versand geschieht auf Kosten und Gefahr des Empfängers. Fahrräder werden in Lattenverschlägen gut verpackt versandt: Verpackungen werden gesondert berechnet und nicht zurückgenommen.

ERFÜLLUNGSORT. Erfüllungsort für Lieferung und Zahlung ist Domizil der Fabrik.

GARANTIE. Gewähr für die Hassia-Fahrräder wird von der Fabrik auf die ausschließliche Dauer von zwölf Monaten, vom Tage des Versandes an gerechnet, in der Weise geleistet, daß alle diejenigen Teile, welche infolge nachweisbarer Material- oder Arbeitsfehler schadhaft oder unbrauchbar geworden sind, unentgeltlich in der Fabrik wieder hergestellt bzw. durch brauchbare ersetzt werden. Falls sich ein etwaiger Mangel durch eine Ausbesserung bzw. Ersatzlieferung beseitigen läßt und die Fabrik sich zu diesen Maßnahmen bereit erklärt, so sind Wandlung und Minderung nicht zulässig. Für Gummireifen wird nur diejenige Gewähr übernommen, die von den Fabrikanten geleistet wird. Vorkommende kleinere Reifenausbesserungen führt am geeignetsten derjenige Fahrradhändler aus, durch den die Lieferung erfolgte.

REPARATUREN. Soweit Ersatzleistung auf Grund der Garantiebestimmungen in Frage kommt, müssen die Fahrräder bzw. schadhaften Teile der Fabrik stets frei eingesandt werden und mit einem Anhängezettel versehen sein, der Namen und Wohnort des Eigentümers trägt. Wegen etwaiger Verzögerung in der Ersatzlieferung, gleichviel auf welchen Ursachen sie beruhen, können keinerlei Ansprüche an die Firma gestellt werden. Mit Instandsetzungsarbeiten an Fahrrädern befaßt sich die Fabrik nicht mehr.

ALLGEMEINES. Die Hassia-Fahrräder werden nach den in dieser Preisliste angegebenen Beschreibungen gebaut, doch behält sich die Fabrik das Recht vor, alle ihr geeignet erscheinenden Änderungen in der Ausführung vorzunehmen. Alle ziffernmäßigen Angaben sind annähernd und ohne Verbindlichkeit. Die Anerkennung jedweder Schadenersatzansprüche infolge von Unfällen oder aus irgendwelchen sonstigen Gründen wird im Voraus abgelehnt.

# III. OPEL-FAHRRAD-KATALOGE

Fahrräder
Adam Opel
Rüsselsheim
b. Frankfurt a/M.
1888
Friedr. Schoembs, Offenbach a/M.

Opel-Sicherheits-Zweirad „Blitz".

Opel-Dreirad „Express-Post".

Opel-Zweirad „Rhenania".

Diese sehr exact gebaute Touren-Maschine verbindet Leichtigkeit und Eleganz mit grosser Fahrtüchtigkeit und Dauerhaftigkeit; sie entspricht allen Anforderungen, welche in Bezug auf Leistungsfähigkeit und Dauerhaftigkeit an eine tüchtige Touren-Maschine gestellt werden können und ist desshalb allen Zweiradfahrern als Normal-Tourenmaschine feinster Gattung auf's Wärmste zu empfehlen. Sie ist dazu bestimmt, in den weitesten Kreisen Verwendung zu finden, weshalb der Preis besonders niedrig gegriffen ist.

Das Opel-Zweirad Rhenania hat vorzügliche einfache Hohlstahlreife mit gerieften Prima Hancock-Gummiringen (Vorderrad 7/8" Hinterrad 3/4"), Dickend-Stahlspeichen, Vorderradgabel aus eliptischem, Rücken aus ovalem, nathlosem nach oben verstärktem Hohlstahlrohr; vorzügliche staubdichte nachtellbare Kugellager im Vorder- und Hinterrad; elegante Radnaben und Achsen aus bestem Stahl; schönen nachstellbaren Kopf

Opel-Renn-Zweirad „Victoria".

**Preis in 55" Mk. 375.**

Auf Wunsch auch in anderen Grössen nach Uebereinkunft.

Opel-Club-Zweirad.

Um meinen geschätzten Abnehmern eine Luxusmaschine der vollendetsten Art bieten zu können, habe ich mich entschlossen, ein, der bereits in Radfahrerkreisen hinlänglich bekannten Special-Club-Maschine entsprechendes Zweirad in einer Ausführung zu liefern, welche, was Vorzüglichkeit des Materials, Exactheit der Arbeit und Eleganz der Ausstattung anbelangt, nichts zu wünschen übrig lässt, so dass das Opel-Club-Zweirad den bereits bekannten Maschinen dieser Gattung in jeder Beziehung mindestens ebenbürtig ist und auch den höchsten Ansprüchen auf Qualität und Fahrtüchtigkeit in vollem Maasse entspricht:

Preis halb vernickelt, hochfein emaillirt

| | 48" | 50" | 52" | 54" | 56" | 58" |
|---|---|---|---|---|---|---|
| Mk. | 300 | 320 | 320 | 320 | 340 | 340 |

Kugelpedale Mk. 15 mehr.

Opel-Knaben-Zweirad „Postillon".

Dieses äusserst solide und preiswerthe Zweirad ist durchaus von einem Spielzeug zu unterscheiden; es soll vielmehr dem Bedarf einer fahrtüchtigen, dauerhaften und nicht allzu kostspieligen Maschine für jugendliche Fahrer entsprechen und ist in dieser Beziehung entschieden das schönste und gediegenste Zweirad kleineren Formats, welches bis jetzt in den Handel kam.

Es ist nach dem System der modernsten Zweiräder gebaut und für Knaben von 8 bis 14 Jahren berechnet.

Seine Eigenschaften sind:

Schön geformter Kopf mit langem Nacken, Bremse, gerade Lenkstange mit schönen Griffen, Vorderrad-Hohlstahlgabeln mit **verstellbaren Kugellagern,** Räder mit Stahlachsen, grossen polirten Stahlnaben und blanken Speichen Stahlreife mit 3/4" weissen Gummiringen.

Verstellbare, abnehmbare Tretkurbeln mit Keilverschluss und Gummipedalen.

Starker Suspensions-Sattel, Satteltasche mit Schlüssel und Oelkännchen.

Die blanken Theile sind fein polirt, alle andern hochfein emaillirt.

**Nur in 42" Mk. 120.**

Halbvernickelt Mk. 20 mehr.

## Opel-Renn-Maschine „Victoria II".

Vom feinsten und leichtesten Hohlstahl gebaut, vorzügliche Kugellager an Rädern, Tretkurbelachse und Pedalen 30" Räder mit directen oder Tangent-Speichen.

Blanke Theile vernickelt, Speichen und übrige Theile hochfein emaillirt.

**Preis Mark 390.— inclus. Kugelpedale.**

---

Obige Maschine wird auch in verstärkter Construktion als **Halbrenner** geliefert und zwar mit Bremszeug, Schutzblechen, Halbrenn-Sattel und Tasche mit Werkzeug.

**Preis Mark 390 mit Kugelpedale.**

## Opel-Sicherheits-Zweirad für Damen. „Flora".

(Gesetzlich geschützt)

Dieses Zweirad für Damen bringe ich auf den Markt mit der Ueberzeugung, dass dasselbe an vielen Stellen willkommene Aufnahme finden wird. Wenn auch der Radfahr-Sport unter unseren Damen bis jetzt noch wenig eingebürgert ist, so deuten doch gewisse Anzeichen darauf hin, dass das gegen diesen Sport gehegte Vorurtheil demnächst der Ueberzeugung weichen muss, dass das Radfahren für Damen nichts Auffälligeres an sich hat als z. B. das Reiten, Schwimmen oder Schlittschuhlaufen.

Das Damen-Zweirad „Flora" ist so gebaut, dass eine Dame bequem auf- und absteigen kann. Das Lernen ist sehr leicht und mit keinerlei Gefahr verknüpft.

Die Bauart entspricht mit Ausnahme der äusseren Form genau derjenigen meiner übrigen Sicherheitsräder; selbstredend kann das Rad auch ebensogut von einem Herrn gefahren werden.

**Preis halbvernickelt Mark 360.**

Mit Kugelpedalen Mark 12.— mehr.

## Opel-Sicherheits-Zweirad „Schwalbe".

In Qualität und Ausstattung genau wie Opel-Blitz IV, jedoch mit Kreuzgestell; gegen die früheren Jahrgänge dieser Serie vielfach verbessert und durchaus zuverlässige Kettenspannung wie bei Blitz IV.

Ausführung sehr exact, elegant und geschmackvoll.

Opel Schwalbe hat 30" (76 cm.) Laufräder übersetzt auf 56" (142 cm.) Rahmenbau und Gabeln aus feinstem, nathlosem (weldless) Hohlstahl, vorzügliche Kugellager an beiden Rädern und an der Tretkurbelachse (letztere hat durchgehende, einseitig justirbare Kugellager), Nacken-(Körner-)Steuerung, Conuspedale, feinen Sattel und Satteltasche mit Schlüssel und Oelkännchen.

Die blanken Theile sind vernickelt, die Speichen und übrigen Theile schwarz emaillirt.

**Preis Mark 330.—**

mit Kugelpedalen Mark 12.— mehr.

## Opel-Sicherheits-Zweirad „Tourist"

**Modell 1890.**

Um auch dem Bedürfniss nach einer etwas billigeren, aber doch durchaus zuverlässigen und leichtgehenden Maschine zu entsprechen, habe ich mich entschlossen eine solche in der Gestalt des oben abgebildeten Sicherheits-Zweirades „Tourist" auf den Markt zu bringen.

Dasselbe ist der Hauptsache nach gebaut wie Opel-Schwalbe, in allen Einzelheiten ebenso exakt gearbeitet und aus vorzüglichstem Material. Es ist aber in der Ausstattung etwas schlichter und hat eine andere Kettenspannung; letztere geschieht bei diesem Rade mittelst Stellschrauben an der Hinterradachse.

Die blanken Theile sind gut vernickelt, Speichen und übrige Theile ganz schwarz emaillirt.

**Preis Mark 300.—.**

Mit Kugelpedalen Mark 12.— mehr.

## Opel Sicherheits-Zweirad Blitz IV.

Die zunehmende Beliebtheit der Sicherheits-Zweiräder hat mich veranlasst, dieser Gattung von Fahrrädern meine ganz besondere Aufmerksamkeit zuzuwenden.

Als Spezialität auf diesem Gebiet bringe ich auch dieses Jahr mein Sicherheits-Zweirad Blitz IV auf den Markt, dessen allgemein anerkannten Vorzüge ihm bereits einen geachteten Namen in der ganzen Radfahrerwelt verschafft haben.

Dasselbe eignet sich für jeden Gebrauch, gleichviel ob für schwere oder leichte Fahrer. Es zeichnet sich durch äusserst leichten und angenehmen Gang, sowie durch seine erprobte und absolute Zuverlässigkeit aus.

Blitz IV durchaus vom feinsten Stahl und gediegensten Material gebaut hat 30" (76 cm) Laufräder, übersetzt auf 57" (145 cm.), Rahmen und Gabeln aus bestem nathlosem (weldless) Hohlstahl, vorzügliche Kugellager an beiden Rädern und an der Tretkurbelachse (letztere hat durchgehende und einseitig justirbare Kugellager), Gummiringe (7/8" am Vorder- und Hinterrad) **Nackensteuerung**, kräftige Vorderradbremse, Conuspedale, vorzüglichen Sattel und Satteltasche mit Schlüssel und Oelkännchen.

Speichen und blanke Theile vernickelt, die übrigen hochfein emaillirt.

**Preis Mark 360.—.**

Mit Kugelpedalen Mk. 12.— mehr.

## Opel-Knaben-Sicherheits-Zweirad „Courrier".

**Modell 1890.**

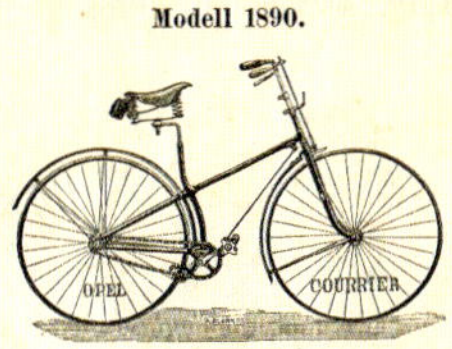


Um vielfachen Wünschen meiner werthen Abnehmer zu entsprechen, habe ich mich entschlossen ein Knaben-Sicherheits-Zweirad in Form wie obige Abbildung zeigt, zu bauen.

Dieses Rad ist genau wie meine grösseren Modelle, nur aus prima Material, gefertigt und ist nicht mit den billigen Kinderrädern zu verwechseln.

In seiner gesammten Ausführung übertrifft dieses Rad alle bis jetzt im Handel erschienenen Jugend-Räder und kann in Bezug auf Preiswürdigkeit auch nicht überboten werden.

Ich empfehle dieses Rad allen jugendlichen Fahrern **bis** zum Alter von 14—15 Jahren, und bin im Voraus überzeugt, dass dieselben die günstigsten Resultate damit erzielen werden.

Die Laufräder haben 26" Durchmesser, überall (Vorder- und Hinterrad, sowie Tretkurbelachse) mit einseitig justirbaren Kugellagern; alle blanken Theile sind fein vernickelt, Speichen und alles übrige hochfein emaillirt.

Preis inclusive Conuspedale, Werkzeugtasche mit dem nöthigen Werkzeuge **Mark 160.—.**

## Opel-Sicherheits-Zweirad „Hubertus"

**mit Gewehrhalter.**

**Für Militairs, Jagdfreunde und Schützen etc.**

Obiges Zweirad ist in Form und Bauart dem Opel-Zweirad Blitz IV gleich; kann jedoch nur mit Rohrführung geliefert werden. Es ist extra stark gebaut und hat eine practische Vorrichtung, welche es gestattet, ein Gewehr ohne jede Unbequemlichkeit im Fahren mitzuführen.

Für Militärpersonen, Jagdliebhaber, Schützen etc. ist dieses Rad sehr empfehlenswerth.

Es wird halbvernickelt, mit Conuspedalen, Satteltasche mit Werkzeug und Oelkännchen geliefert.

**Preis Mark 380.—.**

Mit Kugelpedalen Mark 12.— mehr.

## Opel-Zweirad „Rhenania".

| Preise von | 44" | 46" | 48" | 50" | 52" | 54" | 56" | Radhöhe |
|---|---|---|---|---|---|---|---|---|
| **Mark** | **200** | **200** | **220** | **240** | **240** | **240** | **260** | |

Kugelpedale Mk. 12.— mehr.

## Opel-Chicago-Blitz.

Modell 1895.

Diese Maschine, welche sich in letzter Saison rasch einer grossen Beliebtheit erfreute, zeichnet sich besonders durch ihre hochfeine Ausstattung und sorgfältigste Arbeit bis in die kleinsten Details aus. Der vorzügliche Rahmenbau mit seinen weiten Röhren, die sinnreiche Construction der abnehmbaren Bremse und Schutzbleche, die feinen ölhaltenden staubsicheren Kugellager, die praktische und schöne Steuersperre, Tangentspeichen u. s. w sind die wesentlichsten Punkte, welche das Rad an die Spitze aller Fahrräder stellt. Die blanken Theile sind hochfein vernickelt, die übrigen braun emaillirt.

Gewicht 15½—16 Kg. je nach Reifensorte.
Uebersetzung 63"

Preis mit Continental, Excelsior oder Union-Pneumatic . . Mark 575.—
» » Dunlop-Pneumatic . . » 20.— mehr
» » Kettenschutzhülle . . » 45.— »

## Opel-Distanz-Racer.

Basel-Cleve

Der Opel-Distanz-Racer, dessen Bauart auf wissenschaftlicher Berechnung, verbunden mit allen praktischen Erfahrungen, beruht, ist die denkbar vollkommenste und leichtlaufendste Strassen-Rennmaschine. — Die grossartige Leistung, welche im vergangenen Jahre auf diesem Rade erreicht wurde ist wohl das beste Zeugniss für die Dauerhaftigkeit und Schnelligkeit desselben.

Die Maschine hat ölhaltende, staubsichere Kugellager, enges Tretkurbelwerk, weite Röhren am Rahmen, abnehmbares Kettenrad, Bremse, Steuersperre und Tangentspeichen.

Gewicht ca. 12—13 Kg. je nach Reifensorte (ohne Bremse).
Uebersetzung 66"

Preis mit Continental, Excelsior oder Union-Pneumatic . . Mark 555.—
» » Dunlop-Pneumatic . . » 20.— mehr
» » Schutzblechen . . . » 10.— »
» » Kettenschutzhülle . . » 45.— »

## Opel-Wien-Berlin.

(Halbracer)
Modell 1895.

Dieses Rad, dessen Name noch an den schönen Sieg bei der Distanzfahrt Wien-Berlin erinnert, bringe ich als eine etwas stärkere Halbrenn-Maschine in diesem Jahre auf den Markt.

Die Ausführung ist ähnlich wie bei meinem Victoria-Blitz, hat aber weitere Röhren am Rahmen nnd Tangentspeichen.

Gewicht ca. 15 Kg. je nach Reifensorte.
Uebersetzung 63"

Preis mit Continental, Excelsior oder Union-Pneumatic . . Mark 520.—
» » Dunlop-Pneumatic . . » 20.— mehr
» » Kettenschutzhülle . . » 45.— »

## Opel-Victoria-Blitz.

Modell 1895.

Die grosse Beliebtheit, welcher sich diese Maschine auch in der letzten Saison erfreute, veranlasste mich dieselbe auch in diesem Jahre wieder auf den Markt zu bringen, jedoch in vollkommenerer und schönerer Ausführung.

Ihr leichter Gang und ihre Stabilität sind in der Sportswelt zu bekannt um hier nochmals einer Erwähnung zu bedürfen. Ausserdem hat das Rad neuestes verbessertes Tretkurbellager, doppelte Gabelkrone, neue Steuersperre, abnehmbare Schutzbleche und ölhaltende staubsichere Kugellager.

Gewicht 16—17 Kg. je nach Reifensorte.
Uebersetzung 60"

Preis mit Continental, Excelsior oder Union-Pneumatic . . Mark 490.—
» » Dunlop-Pneumatic . . » 20.— mehr.
» » Gewehrhalter . . . » 12.— »

## Opel-Augusta II.

Modell 1895.

Die grosse Nachfrage im verflossenen Jahre auf dieses Modell veranlasste mich, dasselbe auch für die heurige Saison wieder in umfangreiche Fabrikation zu nehmen; die Maschine ist äusserst solid gebaut, feinst und reich ausgestattet.

Gewicht 17—18 Kg. je nach Reifensorte.
Uebersetzung 60"

Preis mit 1¼" Cushion-Reifen . . Mark 380.—
» » Pneumatic-Reifen . . » 460.—
» » Gewehrhalter . . . » 12.— mehr

## Opel-Augusta I.

Ein billiges in seiner Ausstattung einfacher gehaltenes Rad, welches jedoch trotz des niedrigen Preises allen Anforderungen entspricht, und dem guten Ruf der Opel-Räder hinsichtlich deren Güte und Vorzüglichkeit nicht nachsteht.

Das Rad ist mit gut wirkender Bremse, Steuersperre und Kugelsteuerung versehen.

Bei der Ausstattung mit Cushion-Reifen erhält die Maschine Dreifedersattel, bei Pneumatic-Reifen Hammocksattel.

Gewicht 18 Kg.
Uebersetzung 60"

Preis mit 1¼" Cushion-Reifen . Mark 340.—
» » Pneumatic-Reifen . . » 420.—

## Opel-Victoria-Blitz-Racer.

Modell 1895.

Ich bringe mit dieser Maschine ein neues Modell auf den Markt, welches bei allen Sportsleuten ungetheilten Beifall finden wird.

Die Maschine ist in Bezug auf Leichtigkeit, Stabilität und Schnelligkeit die vollkommenste Rennmaschine der Gegenwart.

Das enge Tretwerk, die geeignete Façon des Rahmens für die grossen Uebersetzungen, das abnehmbare Kettenrad, gleiche 28" Räder mit Tangentspeichen sind die Hauptpunkte seiner Bauart.

Gewicht 8½—10 Kg. je nach Reifensorte.
Uebersetzung 70"

Preis mit Pneumatic-Reifen . . Mark 555.—

## Opel-Flora I.

Modell 1895.

Die grosse sich täglich mehrende Nachfrage nach meinen Damenfahrrädern und die immer zunehmende Aufnahme des Fahrradsports in der Damenwelt hat mich bestimmt für diese Saison ein neues Modell zu bringen.

Die Construction ist die denkbar praktischste, das Rad hat Tangentspeichen und neuesten Kleiderschutz; im übrigen ist die Maschine feinst ausgestattet.

Gewicht ca. 15 Kg. je nach Reifensorte.

Preis mit Continental-Pneumatic . Mark 520.—
» » Kettenschutzhülle . . » 45.— mehr.

## Opel-Flora II.

Modell 1896.

Ein schönes Jugendrad für Mädchen bis zu 15 Jahren. Die Ausführung ist wie bei allen meinen Rädern geschmackvoll und tadellos.

Preis mit 1¼" Cushion-Gummi . . . . . Mark 240.—
» » Pneumatic-Reifen . . . . . » 320.—

## Opel-Victoria-Blitz-Concordia.

Mit Kugelsteuerung.
D. R. P. No. 47331.

Verwandelbar in ein einsitziges Zweirad
(mit Hinterradbremse).

Preis mit 1½" Cushion-Gummi . . . Mark 630.—
» » Continental- oder Union-Pneumatic . . » 690.—

## Opel-Victoria-Blitz-Renntandem.

Gewicht ca. 15 Kg. Uebersetzung nach Wunsch.

Preis mit Pneumatic . . . . . Mark 700.—

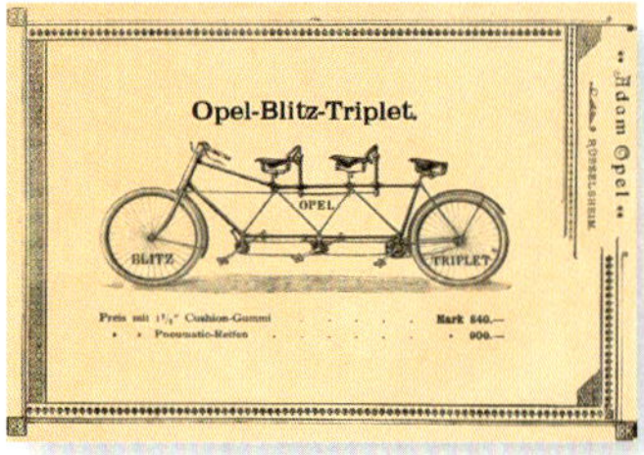

## Opel-Blitz-Triplet.

Preis mit 1½" Cushion-Gummi . . . . . Mark 840.—
» » Pneumatic-Reifen . . . . . » 900.—

Adam Opel
Rüsselsheim

1897
OPEL
FAHRRÄDER
Rüsselsheim a/M.
Vertreter

Opel Flora I.
(Damenrad.)
Preis incl. Kettenschutz mit Celluloid-Einlage Mk. 350.—
mit Kettenschutz ganz aus Celluloid . „ 15.— mehr.
Diese Maschine entspricht in der Gesammtausführung vollständig meiner Opel III; 60" Uebersetzung, Gewicht 13—14 kg. je nach Reifendimension.

Opel Courrier.
(Jugendrad.)
Preis Mk. 215.—
Die Ausführung dieses Jugendrades ist meinen übrigen Modellen angepasst; Radhöhe 26×26", überall Kugellager, leicht abnehmbare Schutzbleche und Bremse etc.

Opel I.
(Tourenmaschine.)
Preis Mk. 275.—
28" Laufräder, horizontaler Rahmenbau, weite Röhren (prima Mannesmann), tiefschwarz emaillirt, dicke, modern gebogene Lenkstange, vernickelte Tangentspeichen, dicke Naben mit aufgeschraubtem Zahnkranz, hochfein polirte ölhaltende Kugellager, Rollenkette, leicht abnehmbare Schutzbleche und Bremse, neuester Gabelkopf, verbessertes und leicht justirbares Tretwerk, Tretkurbelachse mit Conussen aus einem Stück, staubsichere Pedale, Uebersetzung 68", Gewicht ca. 15 kg je nach Reifendimension.

Opel II.
(Leichtere Tourenmaschine.)
Preis Mk. 320.—
28" Laufräder, modernster horizontaler Rahmenbau, weite Röhren (prima Mannesmann), tiefschwarz emaillirt, dicke, modern gebogene Lenkstange, vernickelte Tangentspeichen, dicke, staubsichere Naben mit aufgeschraubtem Zahnkranz, centrisch geschliffene, hochfein polirte, grosse ölhaltende Kugellager, Blockkette, leicht abnehmbare Schutzbleche und Bremse, dreifach verkröpfter Gabelkopf, abnehmbares Kettenrad, verbessertes, schmales Tretwerk, Tretkurbelachse mit Conussen aus einem Stück, staubsichere Pedale, Hammocksattel, 66" Uebersetzung, Gewicht ca. 14 kg, je nach Reifendimension.

Opel Flora II.
Preis Mk. 215.—
Gleich dem nebenstehenden Jugendrad baue ich auch für die jugendliche Damenwelt ein der Neuzeit entsprechendes Rad. Diese Maschine ist in ihrer Gesammtausführung meiner Flora I angepasst und wird sicherlich überall grossen Anklang finden.

Opel Tandem.
Preis Mk. 475.—

Opel Triplet.
Preis Mk. 750.—

Opel Halbrenn-Tandem.
Preis Mk. 475.—

ADAM OPEL, RÜSSELSHEIM b. FRANKFURT a. M.
Opel III.
(Feinste Strassenmaschine. Distanz-Racer).
Preis Mk. 365.—
Modernster, horizontaler Rahmenbau, weite Röhren (prima Mannesmann), tiefschwarz emaillirt, dicke, modern gebogene Lenkstange, dicke Naben mit aufgeschraubtem Zahnkranz, ölhaltende, grosse, staubsichere Kugellager, Conusse und Lagerschalen aus feinstem Vollstahl, vernickelte Tangentspeichen, 28" Laufräder, Blockkette, leicht abnehmbares Kettenrad und Bremse, dreifach verkröpfter Gabelkopf, neuestes, verbessertes, leicht justirbares engstes Tretwerk mit aus Vollstahl gearbeiteter Tretkurbelachse mit Conussen aus einem Stück, staubsichere, moderne Pedale, 68" Uebersetzung, Gewicht ca. 12 kg, je nach Reifendimension.

ADAM OPEL, RÜSSELSHEIM b. FRANKFURT a. M.
Opel Rennmaschine.
Preis Mk. 365.—
Dieses Modell, welches bekanntlich die bedeutendsten Rennfahrer der Welt, wie Arend, Lesna, Verheyen u. A. benutzen, ist das Product langjähriger Erfahrungen und bestes Rennrad der Gegenwart. Alle Theile abnehmbar, in übriger Ausstattung gleich Opel III. Uebersetzung nach Wunsch, normal 76", Gewicht ca. 9 kg.
10

ADAM OPEL, RÜSSELSHEIM b. FRANKFURT a. M.
Opel Quadruplet.
Preis Mk. 900.—

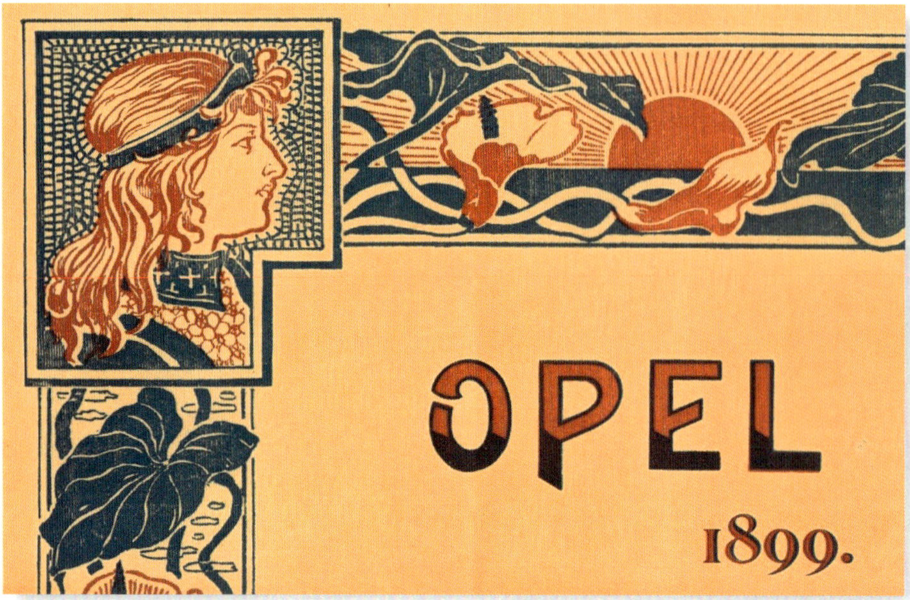
OPEL
1899.

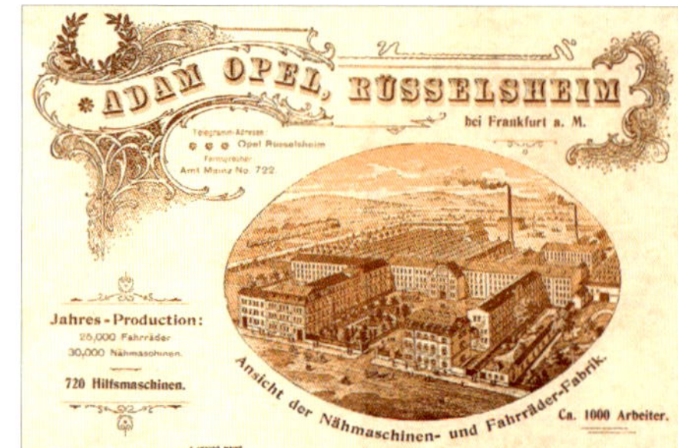
ADAM OPEL, RÜSSELSHEIM
bei Frankfurt a. M.
Jahres-Production:
25,000 Fahrräder
30,000 Nähmaschinen.
720 Hilfsmaschinen.
Ansicht der Nähmaschinen- und Fahrräder-Fabrik.
Ca. 1000 Arbeiter.

OPEL- Special
ADAM OPEL
Rüsselsheim b. Frankfurt a. M.
(Tourenmaschine).
Preis Mk. 215.–

OPEL III
ADAM OPEL
Rüsselsheim b. Frankfurt a. M.
(Feinste Strassenmaschine).

OPEL
ADAM OPEL
Rüsselsheim b. Frankfurt a. M.
(Kettenlose Maschine)

OPEL Flora I
ADAM OPEL
Rüsselsheim b. Frankfurt a. M.
(Damenmaschine).

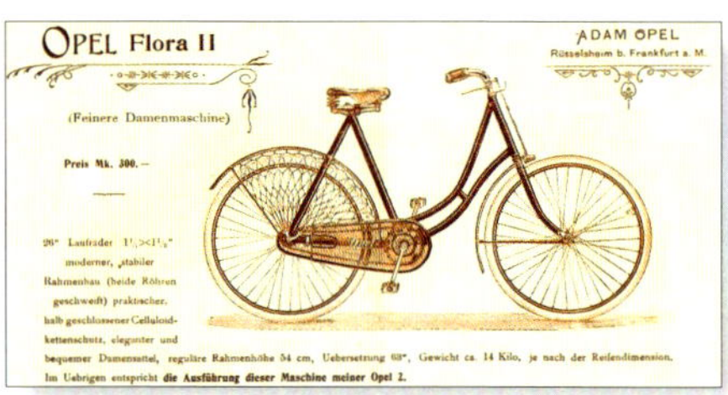
OPEL Flora II
ADAM OPEL
Rüsselsheim b. Frankfurt a. M.
(Feinere Damenmaschine)
Preis Mk. 300.–

OPEL Flora III
ADAM OPEL
Rüsselsheim b. Frankfurt a. M.
(Luxus-Damenmaschine)

Adam Opel, Rüsselsheim bei Frankfurt a. M.
OPEL Flora
(Mädchenrad).
OPEL Courrier
(Knabenrad).
Preis Mk. 200.
Preis Mk. 200.

OPEL Dreirad
ADAM OPEL
Rüsselsheim b. Frankfurt a. M.

OPEL Tandem
ADAM OPEL
Rüsselsheim b. Frankfurt a. M.

Adam Opel, Rüsselsheim bei Frankfurt a. M.
OPEL Gepäck-Dreirad.
ADAM OPEL
FAHRRAD-FABRIK
RÜSSELSHEIM % MAIN
Preis incl. Vorrichtung zum Anbringen des Kastens Mk. 435.
Mit Kasten erhöht sich der Preis je nach Grösse und Ausstattung desselben.

ADAM OPEL, RÜSSELSHEIM b. Frankfurt a. M.

**OPEL No. 10**

Tourenmaschine.

Preis: Mark **200.**—

28" Laufräder, modernster, horizontaler Rahmenbau aus prima Mannesmannröhren, alle Rahmenrohre mit Ausnahme des Kugelsteuerung- und Sattelstützrohrs oval, D. R. G. M. No. 61542, wodurch der Rahmen eine ausserordentlich grosse Stabilität erhält, tiefschwarz emaillirt, dreifach gekröpfter Gabelkopf, D. R. G. M. No. 59908, vernickelte Tangentspeichen, dicke Naben mit aufgeschraubtem, leicht abnehmbarem Zahnkranz, leicht abnehmbares Kettenrad, moderne 5/8" Rollenkette, leicht justirbares Tretwerk mit dicken Kugeln, Tretkurbelachse mit Conen aus einem Stück, staubsichere Pedale, hochfein polirte, ölhaltende Kugellager aus feinstem Stahl, leicht abnehmbare Schutzbleche, auf dem hinteren Schutzbleche Monogramm, Gummibremse, Uebersetzung 73", Gewicht ca. 13½ Kilo, je nach der Reifendimension.

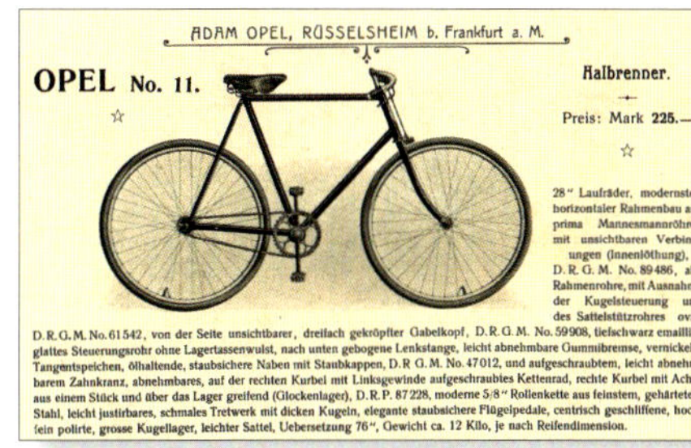
ADAM OPEL, RÜSSELSHEIM b. Frankfurt a. M.

**OPEL No. 11.**

Halbrenner.

Preis: Mark **225.**—

28" Laufräder, modernster, horizontaler Rahmenbau aus prima Mannesmannröhren mit unsichtbaren Verbindungen (Innenlöthung), D. R. G. M. No. 89486, alle Rahmenrohre, mit Ausnahme der Kugelsteuerung und des Sattelstützrohres oval, D. R. G. M. No. 61542, von der Seite unsichtbarer, dreifach gekröpfter Gabelkopf, D. R. G. M. No. 59908, tiefschwarz emaillirt, glattes Steuerungsrohr ohne Lagertassenwulst, nach unten gebogene Lenkstange, leicht abnehmbare Gummibremse, vernickelte Tangentspeichen, ölhaltende, staubsichere Naben mit Staubkappen, D. R. G. M. No. 47012, und aufgeschraubtem, leicht abnehmbarem Zahnkranz, abnehmbares, auf der rechten Kurbel mit Linksgewinde aufgeschraubtes Kettenrad, rechte Kurbel mit Achse aus einem Stück und über das Lager greifend (Glockenlager), D. R. P. 87228, moderne 5/8" Rollenkette aus feinstem, gehärtetem Stahl, leicht justirbares, schmales Tretwerk mit dicken Kugeln, elegante staubsichere Flügelpedale, centrisch geschliffene, hochfein polirte, grosse Kugellager, leichter Sattel, Uebersetzung 76", Gewicht ca. 12 Kilo, je nach Reifendimension.

ADAM OPEL
Rüsselsheim b. Frankfurt a. M.

**OPEL No. 20**

Luxus-Tourenmaschine.

Preis: Mark **260.**—

28" Laufräder, modernster, horizontaler Rahmenbau aus prima Mannesmannröhren mit unsichtbaren Verbindungen (Innenlöthung), D. R. G. M. No. 84486, alle Rahmenrohre mit Ausnahme der Kugelsteuerung und der Sattelstützrohre oval, D. R. G. M. No. 61542, wodurch der Rahmen eine ausserordentliche Stabilität erhält, neuester, geschlossener Gabelkopf, bei dem das 3 Plattensystem Anwendung fand, tiefschwarz emaillirt, glattes Steuerungsrohr ohne Lagertassenwulst. Kugelsteuerung und Naben mit Kugelhalter, moderne, verstellbare Lenkstange, innere Lenkstangenklemmung, D. R. G. M. No. 95540, leicht abnehmbare Gummibremse und Holzkothschützer, vernickelte Doppelt-Dickendspeichen, ölhaltende, staubsichere Naben, aufgeschraubter, leicht abnehmbarer Zahnkranz, abnehmbares, auf der rechten Kurbel mit Linksgewinde aufgeschraubtes Kettenrad, neuestes, leicht zerlegbares, **doppeltes** Glockenlager, Kurbeln mit hohlen Achsenhälften, je aus einem Stück, welche vermittelst eines Achsenbolzen durch die Mitte des Tretwerks zusammengehalten werden (D. R. P. No. 87228). 5/8" Rollenkette aus feinstem, gehärtetem Stahl, elegante, staubsichere Flügelpedale, centrisch geschliffene, hochfein polirte, grosse Kugellager, leichter, eleganter Sattel, Uebersetzung 73", Gewicht ca. 13 Kilo, je nach Reifensorte.

ADAM OPEL
Rüsselsheim b. Frankfurt a. M.

**OPEL No. 21**

Feinste Strassenrenn-Maschine
Luxus-Halbrenner.

Preis: Mark **300.**—

28" Laufräder, mit Doppelhohlstahl-Felgen, modernster, horizontaler Rahmenbau aus prima Mannesmannröhren mit unsichtbaren Verbindungen (Innenlöthung), D. R. G. M. No. 84486, alle Rahmenrohre mit Ausnahme der Kugelsteuerung und der Sattelstützrohre oval, D. R. G. M. No. 61542, wodurch der Rahmen eine ausserordentliche Stabilität erhält, neuester, geschlossener Gabelkopf, bei dem das 3-Plattensystem Anwendung fand, tiefschwarz emaillirt, glattes Steuerungsrohr ohne Lagertassenwulst. Kugelsteuerung und Naben mit Kugelhalter, moderne, verstellbare Lenkstange, 22 mm stark, innere Lenkstangenklemmung, D. R. G. M. No. 95540, leicht abnehmbare Gummibremse, vernickelte Doppelt-Dickendspeichen, ölhaltende, staubsichere Naben, aufgeschraubter, leicht abnehmbarer Zahnkranz, abnehmbares, auf der rechten Kurbel mit Linksgewinde aufgeschraubtes Kettenrad, neuestes, leicht zerlegbares, **doppeltes** Glockenlager, Kurbeln mit hohlen Achsenhälften, je aus einem Stück, welche vermittelst eines Achsenbolzen durch die Mitte des Tretwerks zusammengehalten werden (D. R. P. No. 87228), 5/8" Rollenkette aus feinstem, gehärtetem Stahl, elegante, staubsichere Flügelpedale, centrisch geschliffene, hochfein polirte, grosse Kugellager, leichter, eleganter Sattel, Uebersetzung 77", Gewicht ca. 12 kg, je nach Reifensorte.

ADAM OPEL, RÜSSELSHEIM b. Frankfurt a. M.

**OPEL**

Kettenlose Maschine.

Preis: Mark **360.** —

Auch für die Saison 1901 habe ich mich entschlossen, eine **kettenlose Opel-Maschine** auf den Markt zu bringen, deren Construction sich an diejenige der vergangenen Jahre eng anlehnt, jedoch bedeutende Neuheiten bezw. Verbesserungen aufzuweisen hat. Ein Querschnitt des Getriebes ist auf Seite 27 dieses Catalogs zu finden.

Bemerkenswerth ist es, dass gerade die **Opel** Kettenlose Maschine sich in kurzer Zeit in weitesten Kreisen eingeführt hat, was hauptsächlich auf die zweckmässige Construction und den dadurch verursachten ausserordentlich leichten Gang zurückzuführen ist; den besten Beweis hierfür liefern die erhaltenen vielen Atteste und sonstige anerkennende Zuschriften.

Auch für die kommende Saison empfehle ich diese Maschine dem Wohlwollen meiner geneigten Abnehmer.

ADAM OPEL, RÜSSELSHEIM b. Frankfurt a. M.

**OPEL**

Renn-Maschine.

Preis: Mark **300.**—

Vorstehende Abbildung veranschaulicht den Opel-Racer für die Saison 1901; derselbe hat genau diejenige Construction, welche Opel No. 21 aufweist, jedoch ohne Bremse und ohne Aufstieg. Wie in vergangenen Jahren, so hat sich mein Opel-Racer auch in letzter Saison allgemeiner Beliebtheit erfreut, was eine Reihe glänzender Siege bestätigt. —

Die neue Construction meines Racers bietet wiederum eine wesentliche Verbesserung, sodass ich getrost die Hoffnung aussprechen darf, dass die **Opel-Renn-Maschine** auch für die Saison 1901 eine führende Stellung unter den deutschen Racers einnehmen wird.

ADAM OPEL, RÜSSELSHEIM b. Frankfurt a. M.

Halbrenn-Tandem ☆ ☆ **OPEL** ☆ ☆ Preis: Mark **450.**—

Dieses Modell wird auch als Rennmaschine geliefert.

**OPEL** Tandem

Für Dame und Herrn.

Preis: Mark **450.**—

**OPEL** Tandem

Für Herrn und Dame.

Preis: Mark **450.**—

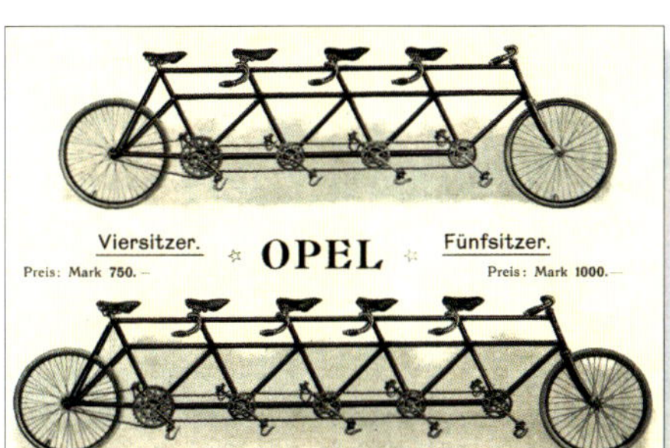
Viersitzer. ☆ **OPEL** ☆ Fünfsitzer.

Preis: Mark **750.**—

Preis: Mark **1000.**—

ADAM OPEL, RÜSSELSHEIM b. Frankfurt a. M.

**OPEL**

Gepäck-Dreirad.

Preis: Mark **420.**—
incl. Vorrichtung zum Anbringen des Kastens.



Mit Kasten erhöht sich der Preis je nach Grösse und Ausstattung desselben.

ADAM OPEL, RÜSSELSHEIM b. Frankfurt a. M.

**OPEL**

Gepäck-Dreirad.

Preis: Mark **400.**—
incl. Vorrichtung zum Anbringen des Kastens.

Mit Kasten erhöht sich der Preis je nach Grösse und Ausstattung desselben.

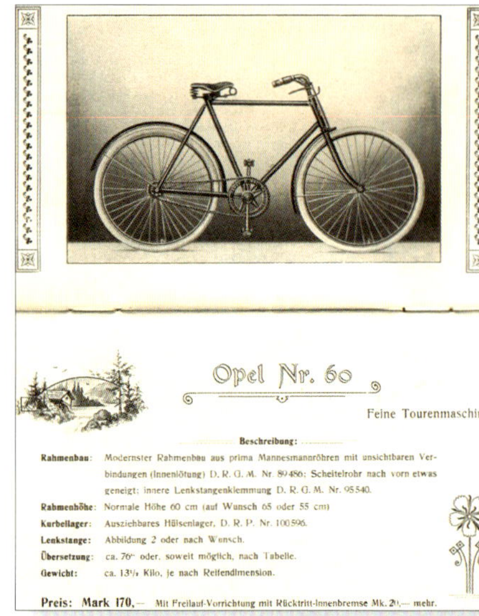

Opel Nr. 60

Feine Tourenmaschine

Beschreibung:

**Rahmenbau:** Modernster Rahmenbau aus prima Mannesmannröhren mit unsichtbaren Verbindungen (Innenlötung) D. R. G. M. Nr. 89486; Scheitelrohr nach vorn etwas geneigt; innere Lenkstangenklemmung D. R. G. M. Nr. 95540.
**Rahmenhöhe:** Normale Höhe 60 cm (auf Wunsch 65 oder 55 cm)
**Kurbellager:** Ausziehbares Hülsenlager, D. R. P. Nr. 100596.
**Lenkstange:** Abbildung 2 oder nach Wunsch.
**Übersetzung:** ca. 76" oder, soweit möglich, nach Tabelle.
**Gewicht:** ca. 13½ Kilo, je nach Reifendimension.

**Preis: Mark 170,—** Mit Freilauf-Vorrichtung mit Rücktritt-Innenbremse Mk. 20,— mehr.

Opel Nr. 61

Feiner Halbrenner

Beschreibung:

**Rahmenbau:** Modernster Rahmenbau aus prima Mannesmannröhren mit unsichtbaren Verbindungen (Innenlötung) D. R. G. M. Nr. 89486. Scheitelrohr nach vorn etwas geneigt, innere Lenkstangenklemmung D. R. G. M. Nr. 95540.
**Rahmenhöhe:** Normale Höhe 60 cm (auf Wunsch 65 oder 55 cm).
**Kurbellager:** Ausziehbares Hülsenlager D. R. P. Nr. 100596.
**Lenkstange:** Abbildung 5 oder nach Wunsch.
**Übersetzung:** ca. 78" oder nach Tabelle.
**Gewicht:** ca. 12 Kilo, je nach Reifendimension.

**Preis: Mark 190,—** Mit Freilauf-Vorrichtung mit Rücktritt-Innenbremse Mk. 20,— mehr.

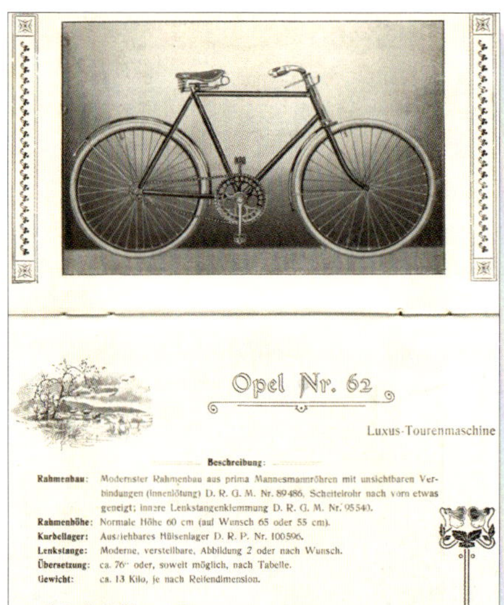

Opel Nr. 62

Luxus-Tourenmaschine

Beschreibung:

**Rahmenbau:** Modernster Rahmenbau aus prima Mannesmannröhren mit unsichtbaren Verbindungen (Innenlötung) D. R. G. M. Nr. 89486, Scheitelrohr nach vorn etwas geneigt; innere Lenkstangenklemmung D. R. G. M. Nr. 95540.
**Rahmenhöhe:** Normale Höhe 60 cm (auf Wunsch 65 oder 55 cm).
**Kurbellager:** Ausziehbares Hülsenlager D. R. P. Nr. 100596.
**Lenkstange:** Moderne, verstellbare, Abbildung 2 oder nach Wunsch.
**Übersetzung:** ca. 76" oder, soweit möglich, nach Tabelle.
**Gewicht:** ca. 13 Kilo, je nach Reifendimension.

**Preis: Mark 220,—** Mit Freilauf-Vorrichtung mit Rücktritt-Innenbremse Mk. 20,— mehr.

Opel Racer Nr. 63

Für Strassenrennen

Beschreibung:

**Rahmenbau:** Modernster Rahmenbau aus prima Mannesmannröhren mit unsichtbaren Verbindungen (Innenlötung) D. R. G. M. Nr. 89486; Scheitelrohr nach vorn etwas geneigt; innere Lenkstangenklemmung D. R. G. M. Nr. 95540.
**Rahmenhöhe:** Normale Höhe 60 cm (auf Wunsch 65 oder 55 cm).
**Felgen:** Doppelhohlstahlfelgen.
**Kurbellager:** Ausziehbares Hülsenlager D. R. P. Nr. 100596. **12,5 cm breites Lager.**
**Lenkstange:** Abbildung 5 mit Daumenbremse oder nach Wunsch.
**Übersetzung:** ca. 78" oder nach Tabelle.
**Gewicht:** ca. 12 Kilo, je nach Reifendimension.

**Preis: Mark 240,—** Mit Freilauf-Vorrichtung mit Rücktritt-Innenbremse Mk. 20,— mehr.

**Opel Motorzweirad** — Man verlange Spezial-Preisliste.

**Opel Tandem für Herren** — Dieses Modell wird auch für Dame und Herr sowie als Rennmaschine geliefert. — **Preis: Mark 375,—**
Ich liefere ferner: **Drei-, Vier- und Fünfsitzer in derselben Ausführung wie obiges Modell.**

**Preis: Mark 375,—** inkl. Vorrichtung zum Anbringen des Kastens.
Etwa gewünschte Firmenaufschriften oder dergleichen werden mit Selbstkosten in Anrechnung gebracht.
Mit Kasten erhöht sich der Preis je nach Grösse und Ausstattung desselben.

Modell 1907. **Opel B-Z.** Tourenrad.

## Beschreibung der Opel B-Z Tourenmaschine

| | |
|---|---|
| **Rahmenbau:** | Modern, prima Mannesmannröhren, unsichtbare Verbindungen, nach vorn geneigtes Scheitelrohr, innere Lenkstangenklemmung. |
| **Rahmenhöhe:** | Normale Höhe 60 cm (auf Wunsch 65 oder 55 cm). |
| **Kurbellager:** | Schmal, Glockenkurbeln auf beiden Seiten, leicht justierbar. |
| **Kettenrad:** | Leicht abnehmbar und fein vernickelt. |
| **Kette:** | Neue $^{5}/_{8}$" Rollenkette. |
| **Pedale:** | Staubsichere Flügelpedale. |
| **Lenkstange:** | Abbildung 2 (Seite 31) oder nach Wunsch. |
| **Übersetzung:** | ca. 76" oder, soweit möglich, nach Tabelle (Seite 35). |
| **Musterschutz:** | D. R. G. M. Nr. 89 486 und Nr. 95 540. |

Preis: Mk. 130. Freilauf-Vorrichtung mit Rücktritt-Innenbremse Mk. 20.— mehr.

Modell 1907. **Opel B-Z.** Damenrad.

## Beschreibung der Opel B-Z Damenmaschine

| | |
|---|---|
| **Rahmenbau:** | Modern, stabil, beide Röhren geschweißt, unsichtbare Verbindungen, innere Lenkstangenklemmung. |
| **Rahmenhöhe:** | Normale Höhe 55 cm (auf Wunsch 60 oder 50 cm). |
| **Kurbellager:** | Schmal, Glockenkurbeln auf beiden Seiten, leicht justierbar. |
| **Kettenrad:** | Leicht abnehmbar und fein vernickelt. |
| **Kette:** | Neue $^{5}/_{8}$" Rollenkette. |
| **Pedale:** | Staubsichere Flügelpedale. |
| **Räder:** | 28" Durchmesser. |
| **Lenkstange:** | Abbildung 3 (Seite 31). |
| **Kleiderschutz:** | Verschnürung und Zelluloid-Kettenschutz. |
| **Übersetzung:** | ca. 63" oder, soweit möglich, nach Tabelle (Seite 35). |
| **Musterschutz:** | D. R. G. M. Nr. 89 486 und Nr. 95 540. |

Preis: Mk. 140. Freilauf-Vorrichtung mit Rücktritt-Innenbremse Mk. 20.— mehr.

Modell 1907. **Opel 80.** Feines Tourenrad.

## Beschreibung der Opel 80 Tourenmaschine

| | |
|---|---|
| **Rahmenbau:** | Modern, prima Mannesmannröhren, unsichtbare Verbindungen, nach vorn geneigtes Scheitelrohr, innere Lenkstangenklemmung. |
| **Rahmenhöhe:** | Normale Höhe 60 cm (auf Wunsch 65 oder 55 cm). |
| **Kurbellager:** | Ausziehbares Hülsenlager D. R. P. Nr. 100 596. |
| **Kettenrad:** | Abnehmbar, auf der rechten Kurbel mit Linksgewinde aufgeschraubt, schön verziert. |
| **Pedale:** | Elegante, staubsichere Flügelpedale. |
| **Kette:** | Moderne $^{1}/_{2}$" Rollenkette. |
| **Lenkstange:** | Abbildung 2 (Seite 31) oder nach Wunsch. |
| **Übersetzung:** | ca. 76" oder, soweit möglich, nach Tabelle (Seite 35). |
| **Musterschutz:** | D. R. G. M. Nr. 89 486 und Nr. 95 540. |

Preis: Mk. 155.

| | | |
|---|---|---|
| Freilauf-Vorrichtung mit Rücktritt-Innenbremse | Mk. 20.— | mehr. |
| Doppelübersetzung mit Freilauf-Vorrichtung | „ 50.— | „ |
| Doppelübersetzung mit Freilauf und Rücktritt-Innenbremse | „ 70.— | „ |
| Dreifachübersetzung mit Freilauf-Vorrichtung | „ 85.— | „ |

Modell 1907 **Opel 81.** Feiner leichter Halbrenner.

## Beschreibung der Opel 81 leichter Halbrenner

| | |
|---|---|
| **Rahmenbau:** | Modern, prima Mannesmannröhren, unsichtbare Verbindungen, nach vorn geneigtes Scheitelrohr, innere Lenkstangenklemmung. |
| **Rahmenhöhe:** | Normale Höhe 60 cm (auf Wunsch 65 oder 55 cm). |
| **Kurbellager:** | Ausziehbares Hülsenlager D. R. P. Nr. 100 596. |
| **Kettenrad:** | Abnehmbar, auf der rechten Kurbel mit Linksgewinde aufgeschraubt, schön verziert. |
| **Pedale:** | Elegante, staubsichere Flügelpedale. |
| **Kette:** | Moderne $^{3}/_{4}$" Rollenkette aus feinstem, gehärtetem Stahl. |
| **Lenkstange:** | Abbildung 5 (Seite 31) oder nach Wunsch. |
| **Übersetzung:** | ca. 78" oder, soweit möglich, nach Tabelle (Seite 35). |
| **Musterschutz:** | D. R. G. M. Nr. 89 486 und Nr. 95 540. |

Preis: Mk. 160.

| | | |
|---|---|---|
| Freilauf-Vorrichtung mit Rücktritt-Innenbremse | Mk. 20.— | mehr. |
| Doppelübersetzung mit Freilauf-Vorrichtung | „ 50.— | „ |
| Doppelübersetzung mit Freilauf und Rücktritt-Innenbremse | „ 70.— | „ |
| Dreifachübersetzung mit Freilauf-Vorrichtung | „ 85.— | „ |

Modell 1907. **Opel Flora 85.** Feines Damenrad.

**Opel-Tandem.** Dieses Modell wird auch für Dame und Herr, sowie als Rennmaschine geliefert. Drei-, Vier- und Fünfsitzer in derselben Ausführung wie obiges Modell. Preis: Mk. 375.

**Opel-Dreirad.** Preis: Mk. 375.

## Opel-Gepäckdreirad.

Der Antrieb ist der gleiche wie beim Niederrade und ermöglicht daher einen besonders leichten Lauf der Maschine; eine äußerst stabile Steuerung auf Kugeln bewirkt die denkbar bequemste Lenkbarkeit des **Opel-Gepäckdreirades.** Der Rahmenbau ist auf höchste Tragfähigkeit berechnet; der Kasten lagert auf einer besonders starken Feder-Konstruktion.

Preis: Mk. 375

einschließlich Vorrichtung zum Anbringen eines Kastens.

---

Der Preis des Kastens richtet sich nach dessen Größe und Ausstattung. Firmenaufschriften und Reklame-Anzeigen werden billigst berechnet. Voranschläge stehen jederzeit zur Verfügung.

## Tabelle für die Übersetzungs-Berechnung.

| Zahnkranz-Zähne | Kettenrad-Zähne | Laufrad-Durchmesser oder -Höhe = 28 engl. Zoll = 0,711 m<br>Laufrad-Umfang od. -Entwicklung = 2,224 m<br>Übersetzung engl. Zoll | Entwicklung |
|---|---|---|---|
| 14 | 40 | 80 | 6,35 |
| | 45 | 90 | 7,15 |
| | 48 | 96 | 7,62 |
| | 50 | 100 | 7,94 |
| | 52 | 104 | 8,26 |
| | 54 | 108 | 8,58 |
| 15 | 40 | 74,66 | 5,93 |
| | 45 | 84 | 6,67 |
| | 48 | 89,60 | 7,12 |
| | 50 | 93,33 | 7,41 |
| | 52 | 97,06 | 7,71 |
| | 54 | 100,80 | 8,01 |
| 16 | 40 | 70 | 5,56 |
| | 45 | 78,75 | 6,25 |
| | 48 | 84 | 6,67 |
| | 50 | 87,50 | 6,95 |
| | 52 | 91 | 7,26 |
| | 54 | 94,50 | 7,51 |
| 17 | 40 | 65,88 | 5,23 |
| | 45 | 74,11 | 5,89 |
| | 48 | 79,06 | 6,28 |
| | 50 | 82,35 | 6,54 |
| | 52 | 85,65 | 6,80 |
| | 54 | 88,94 | 7,06 |
| 18 | 40 | 62,22 | 4,94 |
| | 45 | 70 | 5,59 |
| | 48 | 74,66 | 5,93 |
| | 50 | 77,77 | 6,18 |
| | 52 | 80,88 | 6,40 |
| | 54 | 84 | 6,70 |
| 19 | 40 | 58,95 | 4,68 |
| | 45 | 66,33 | 5,27 |
| | 48 | 70,74 | 5,62 |
| | 50 | 73,68 | 5,85 |
| | 52 | 76,63 | 6,08 |
| | 54 | 79,47 | 6,32 |
| 20 | 40 | 56 | 4,47 |
| | 45 | 63 | 5,03 |
| | 48 | 67,20 | 5,35 |
| | 50 | 70 | 5,59 |
| | 52 | 72,80 | 5,78 |
| | 54 | 75,60 | 6,00 |

**Opel B-Z. Tourenrad.**

Beschreibung.

**Rahmenbau** modern, unsichtbare Verbindungen, nach vorn geneigtes Scheitelrohr.
**Rahmenhöhe** gewöhnlich 60 cm (auf Wunsch 65 oder 55 cm).
**Kurbellager** schmal, Glockenkurbeln auf beiden Seiten, leicht auseinandernehmbar. D. R. G. M. Nr. 315 142.
**Kettenrad** leicht abnehmbar und fein vernickelt.
**Kette** neue $^{5}/_{8}$" Rollenkette.
**Pedale** staubsichere Flügelpedale.
**Lenkstange** Abbildung 3 (Seite 3) oder nach Wunsch. Befestigung durch Innenklemmung.
**Übersetzung** ca. 76" oder soweit möglich nach Tabelle (Seite 27).
**Musterschutz** D. R. G. M. Nr. 89 486 und Nr. 95 540.

Preis: Mk. 130.

Freilauf mit Rücktritt-Innenbremse 20 Mark mehr.

**Opel B-Z. Damenrad.**

Beschreibung.

**Rahmenbau** modern, beide Röhren geschweift, unsichtbare Verbindungen.
**Rahmenhöhe** gewöhnlich 55 cm (auf Wunsch 60 oder 50 cm).
**Kurbellager** schmal, Glockenkurbeln auf beiden Seiten, leicht auseinandernehmbar. D. R. G. M. Nr. 315 142.
**Kettenrad** leicht abnehmbar und fein vernickelt.
**Kette** neue $^{5}/_{8}$" Rollenkette.
**Pedale** staubsichere Flügelpedale.
**Laufräder** 28" Durchmesser.
**Lenkstange** Abbildung 3 (Seite 3). Befestigung durch Innenklemmung.
**Kleiderschutz** Verschnürung und Celluloid-Kettenschutz.
**Übersetzung** ca. 63" oder soweit möglich nach Tabelle (Seite 27).
**Musterschutz** D. R. G. M. Nr. 89 486 und Nr. 95 540.

Preis: Mk. 140.

Freilauf mit Rücktritt-Innenbremse 20 Mark mehr.

**Opel Nr. 1. Tourenrad.**

Beschreibung.

**Rahmenbau** modern, unsichtbare Verbindungen, nach vorn geneigtes Scheitelrohr.
**Rahmenhöhe** gewöhnlich 60 cm (auf Wunsch 65 oder 55 cm).
**Kurbellager** ausziehbares Hülsenlager D. R. P. Nr. 100 596.
**Kettenrad** leicht abnehmbar, schön verziert und fein vernickelt.
**Kette** moderne $^{5}/_{8}$" Rollenkette.
**Pedale** elegante staubsichere Flügelpedale.
**Lenkstange** Abbildung 2 (Seite 3) oder nach Wunsch. Befestigung durch Innenklemmung.
**Übersetzung** ca. 76" oder soweit möglich nach Tabelle (Seite 27).
**Musterschutz** D. R. G. M. Nr. 89 486 und Nr. 95 540.

Preis: Mk. 155.

Freilauf mit Rücktritt-Innenbremse 20 Mark mehr.

**Opel Nr. 2. Halbrenner.**

Beschreibung.

**Rahmenbau** modern, unsichtbare Verbindungen, nach vorn geneigtes Scheitelrohr.
**Rahmenhöhe** gewöhnlich 60 cm (auf Wunsch 65 oder 55 cm).
**Kurbellager** ausziehbares Hülsenlager D. R. P. Nr. 100 596.
**Kettenrad** leicht abnehmbar, schön verziert und fein vernickelt.
**Kette** moderne $^{5}/_{8}$" Rollenkette.
**Pedale** elegante staubsichere Flügelpedale.
**Lenkstange** Abbildung 5 (Seite 3) oder nach Wunsch. Befestigung durch Innenklemmung.
**Übersetzung** ca. 78" oder soweit möglich nach Tabelle (Seite 27).
**Musterschutz** D. R. G. M. Nr. 89 486 und Nr. 95 540.

Preis: Mk. 150.

Freilauf mit Rücktritt-Innenbremse 20 Mark mehr.

**Opel Kettenlos. Tourenrad.**

Beschreibung.

**Rahmenbau** modern, unsichtbare Verbindungen, nach vorn geneigtes Scheitelrohr.
**Rahmenhöhe** gewöhnlich 60 cm (auf Wunsch 65 oder 55 cm).
**Felgen** Doppelhohlstahlfelgen.
**Pedale** staubsichere elegante Flügelpedale.
**Lenkstange** Abbildung 2 (Seite 3) oder nach Wunsch. Befestigung durch Innenklemmung.
**Übersetzung** ca. 77".
**Musterschutz** D. R. G. M. Nr. 89 486 und Nr. 95 540.

---

Die Lagerung und der Verschluß des Antriebes lassen die Benutzung dieser Maschine auch auf den schmutzigsten und staubigsten Straßen zu, ohne daß die geringste Erschwerung des Laufes oder eine Verunreinigung der Kammräder eintritt.

---

Preis: Mk. 250.

Freilauf mit Rücktritt-Innenbremse 40 Mark mehr.

**Opel Kettenlos. Damenrad.**

Beschreibung.

**Rahmenbau** modern, beide Röhren geschweift, unsichtbare Verbindungen.
**Rahmenhöhe** gewöhnlich 55 cm (auf Wunsch 60 oder 50 cm).
**Laufräder** 28" Durchmesser, Doppelhohlstahlfelgen.
**Pedale** leichte, zierliche Flügelpedale.
**Lenkstange** Abbildung 3 (Seite 3) oder nach Wunsch. Befestigung durch Innenklemmung.
**Verschnürung** elegant und leicht abnehmbar.
**Übersetzung** ca. 68".
**Musterschutz** D. R. G. M. Nr. 89 486 und Nr. 95 540.

---

Im Übrigen wird auf das Seite 16 Gesagte verwiesen.

---

Preis: Mk. 260.

Freilauf mit Rücktritt-Innenbremse 40 Mark mehr.

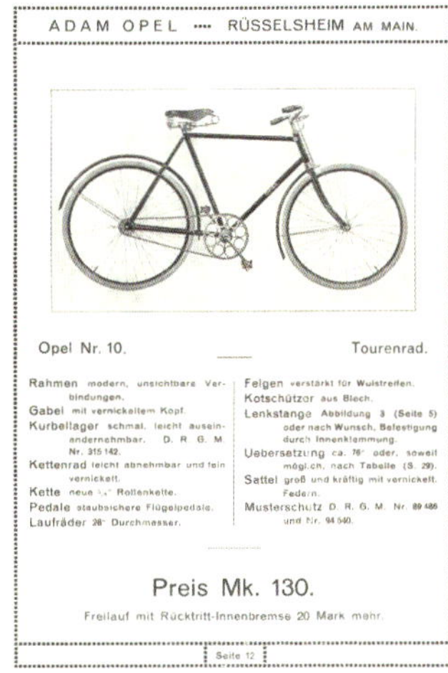

ADAM OPEL ···· RÜSSELSHEIM AM MAIN.

Opel Nr. 10. Tourenrad.

**Rahmen** modern, unsichtbare Verbindungen.
**Gabel** mit vernickeltem Kopf.
**Kurbellager** schmal, leicht auseinandernehmbar. D. R. G. M. Nr. 315 142.
**Kettenrad** leicht abnehmbar und fein vernickelt.
**Kette** neue ¼" Rollenkette.
**Pedale** staubsichere Flügelpedale.
**Laufräder** 28" Durchmesser.
**Felgen** verstärkt für Wulstreifen.
**Kotschützer** aus Blech.
**Lenkstange** Abbildung 3 (Seite 5) oder nach Wunsch, Befestigung durch Innenklemmung.
**Uebersetzung** ca. 76" oder, soweit möglich, nach Tabelle (S. 29).
**Sattel** groß und kräftig mit vernickelt. Federn.
**Musterschutz** D. R. G. M. Nr. 89 486 und Nr. 94 540.

Preis Mk. 130.

Freilauf mit Rücktritt-Innenbremse 20 Mark mehr.

Seite 12

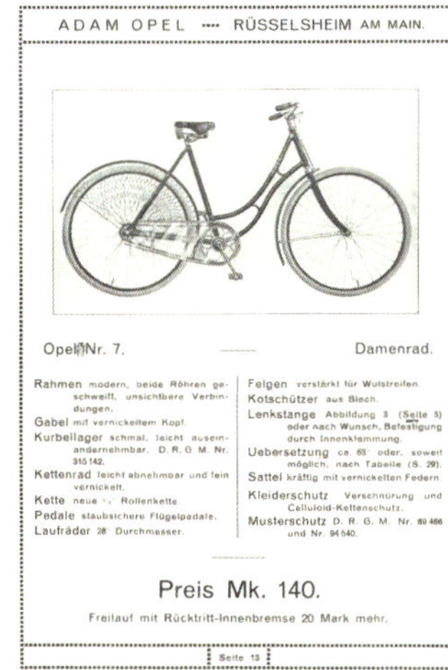

ADAM OPEL ···· RÜSSELSHEIM AM MAIN.

Opel Nr. 7. Damenrad.

**Rahmen** modern, beide Röhren geschweißt, unsichtbare Verbindungen.
**Gabel** mit vernickeltem Kopf.
**Kurbellager** schmal, leicht auseinandernehmbar. D. R. G. M. Nr. 315 142.
**Kettenrad** leicht abnehmbar und fein vernickelt.
**Kette** neue ¼" Rollenkette.
**Pedale** staubsichere Flügelpedale.
**Laufräder** 28" Durchmesser.
**Felgen** verstärkt für Wulstreifen.
**Kotschützer** aus Blech.
**Lenkstange** Abbildung 3 (Seite 5) oder nach Wunsch, Befestigung durch Innenklemmung.
**Uebersetzung** ca. 63" oder, soweit möglich, nach Tabelle (S. 29).
**Sattel** kräftig mit vernickelten Federn.
**Kleiderschutz** Verschnürung und Celluloid-Kettenschutz.
**Musterschutz** D. R. G. M. Nr. 89 486 und Nr. 94 540.

Preis Mk. 140.

Freilauf mit Rücktritt-Innenbremse 20 Mark mehr.

Seite 13

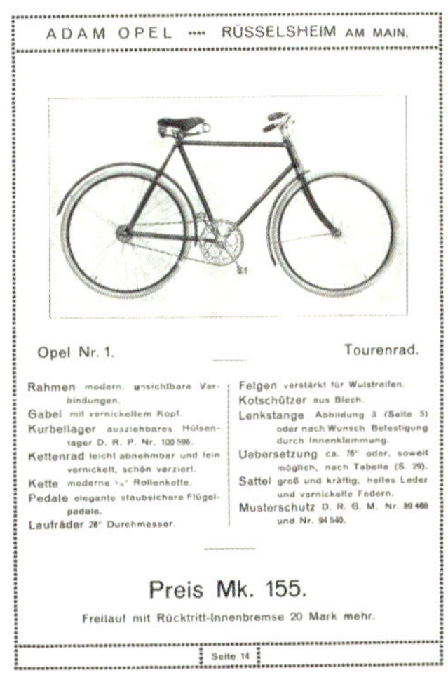

ADAM OPEL ···· RÜSSELSHEIM AM MAIN.

Opel Nr. 1. Tourenrad.

**Rahmen** modern, unsichtbare Verbindungen.
**Gabel** mit vernickeltem Kopf.
**Kurbellager** ausziehbares Hülsenlager D. R. P. Nr. 100 596.
**Kettenrad** leicht abnehmbar und fein vernickelt, schön verziert.
**Kette** moderne ¼" Rollenkette.
**Pedale** elegante staubsichere Flügelpedale.
**Laufräder** 28" Durchmesser.
**Felgen** verstärkt für Wulstreifen.
**Kotschützer** aus Blech.
**Lenkstange** Abbildung 3 (Seite 5) oder nach Wunsch Befestigung durch Innenklemmung.
**Uebersetzung** ca. 76" oder, soweit möglich, nach Tabelle (S. 29).
**Sattel** groß und kräftig, helles Leder und vernickelte Federn.
**Musterschutz** D. R. G. M. Nr. 89 486 und Nr. 94 540.

Preis Mk. 155.

Freilauf mit Rücktritt-Innenbremse 20 Mark mehr.

Seite 14

ADAM OPEL ···· RÜSSELSHEIM AM MAIN.

Opel Nr. 2. Halbrenner.

**Rahmen** modern, unsichtbare Verbindungen, nach vorn geneigtes Scheitelrohr.
**Gabel** mit vernickeltem Kopf, gekröpft.
**Kurbellager** schmal, leicht auseinandernehmbar, mit Tellerverschluß.
**Kettenrad** leicht abnehmbar und fein vernickelt, modernes Dessin.
**Kette** moderne ¼" Rollenkette.
**Pedale** elegante staubsichere Flügelpedale.
**Laufräder** 28" Durchmesser.
**Felgen** Westwood- oder imitierte Doppelhohlstahlfelgen.
**Lenkstange** Abbildung 5 (Seite 5) oder nach Wunsch, Befestigung durch Innenklemmung.
**Uebersetzung** ca. 78" oder, soweit möglich, nach Tabelle (S. 29).
**Sattel** praktischer Halbrennsattel mit vernickelten Federn.
**Musterschutz** D. R. G. M. Nr. 89 486 und Nr. 94 540.

Preis Mk. 150.

Freilauf mit Rücktritt-Innenbremse 20 Mark mehr.

Seite 15

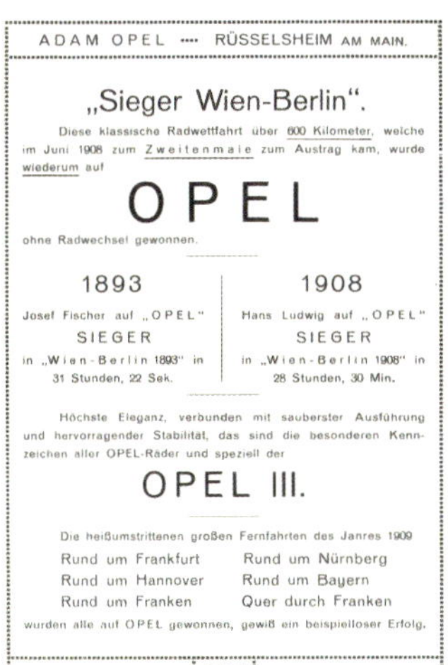

ADAM OPEL ···· RÜSSELSHEIM AM MAIN.

„Sieger Wien-Berlin".

Diese klassische Radwettfahrt über 600 Kilometer, welche im Juni 1908 zum Zweitenmale zum Austrag kam, wurde wiederum auf

OPEL

ohne Radwechsel gewonnen.

| 1893 | 1908 |
|---|---|
| Josef Fischer auf „OPEL" | Hans Ludwig auf „OPEL" |
| SIEGER | SIEGER |
| in „Wien-Berlin 1893" in 31 Stunden, 22 Sek. | in „Wien-Berlin 1908" in 28 Stunden, 30 Min. |

Höchste Eleganz, verbunden mit sauberster Ausführung und hervorragender Stabilität, das sind die besonderen Kennzeichen aller OPEL-Räder und speziell der

OPEL III.

Die heißumstrittenen großen Fernfahrten des Jahres 1909

Rund um Frankfurt — Rund um Nürnberg
Rund um Hannover — Rund um Bayern
Rund um Franken — Quer durch Franken

wurden alle auf OPEL gewonnen, gewiß ein beispielloser Erfolg.

Seite 16

ADAM OPEL ···· RÜSSELSHEIM AM MAIN.

Opel Nr. 3. Straßenrennrad.

„Sieger Wien-Berlin."

**Rahmen** modern, unsichtbare Verbindungen, nach vorn geneigtes Scheitelrohr.
**Gabel** mit vernickeltem Kopf, gekröpft.
**Kurbellager** schmal, leicht auseinandernehmbar, mit Tellerverschluß.
**Kettenrad** leicht abnehmbar und fein vernickelt, modernes Dessin.
**Kette** neueste ¼" Rollenkette.
**Pedale** elegante staubsichere Flügelpedale.
**Laufräder** 28" Durchmesser.
**Felgen** Doppelhohlstahlfelgen „Westwood" oder Holzfelgen nach Wahl.
**Lenkstange** Abbildung 3b (Seite 5) oder nach Wunsch, Befestigung durch Innenklemmung.
**Uebersetzung** ca. 78" oder, soweit möglich, nach Tabelle (S. 29).
**Sattel** sehr geeignet, mit vernickelten Federn.
**Musterschutz** D. R. G. M. Nr. 89 486 und Nr. 94 540.

Preis Mk. 200.

Freilauf mit Rücktritt-Innenbremse 20 Mark mehr.

Seite 17

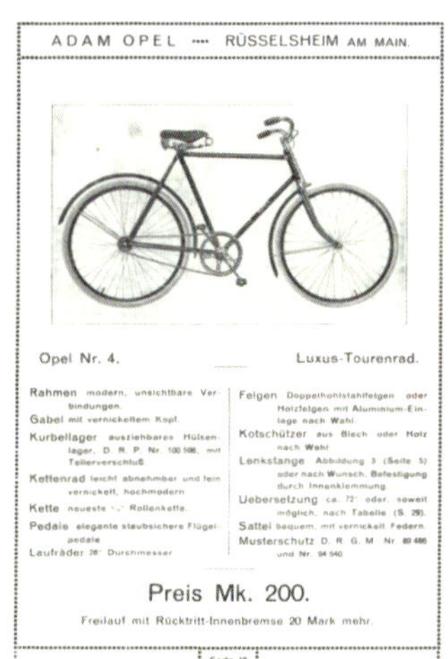

ADAM OPEL ···· RÜSSELSHEIM AM MAIN.

Opel Nr. 4. Luxus-Tourenrad.

**Rahmen** modern, unsichtbare Verbindungen.
**Gabel** mit vernickeltem Kopf.
**Kurbellager** ausziehbares Hülsenlager, D. R. P. Nr. 100 596, mit Tellerverschluß.
**Kettenrad** leicht abnehmbar und fein vernickelt, hochmodern.
**Kette** neueste ¼" Rollenkette.
**Pedale** elegante staubsichere Flügelpedale.
**Laufräder** 28" Durchmesser.
**Felgen** Doppelhohlstahlfelgen oder Holzfelgen mit Aluminium-Einlage nach Wahl.
**Kotschützer** aus Blech oder Holz nach Wahl.
**Lenkstange** Abbildung 3 (Seite 5) oder nach Wunsch, Befestigung durch Innenklemmung.
**Uebersetzung** ca. 72" oder, soweit möglich, nach Tabelle (S. 29).
**Sattel** bequem, mit vernickelt. Federn.
**Musterschutz** D. R. G. M. Nr. 89 486 und Nr. 94 540.

Preis Mk. 200.

Freilauf mit Rücktritt-Innenbremse 20 Mark mehr.

Seite 18

ADAM OPEL ···· RÜSSELSHEIM AM MAIN.

Opel Nr. 5. Typ England.

Diese Maschine entspricht in Konstruktion der auf Seite 14 näher beschriebenen Opel 4, ist jedoch dem englischen Geschmack angepaßt durch Verwendung von Freilaufkranz, vernickelten Felgen und Vorder- und Hinterrad-Felgenbremse.

Preis Mk. 240.

Seite 19

**Opel Nr. 7 Damenrad**

**Rahmen** modern, beide Röhren geschweißt, unsichtbare Verbindungen.
**Gabel** mit vernickeltem Kopf.
**Kurbellager** schmal, leicht auseinandernehmbar. D. R. G. M. Nr. 315 142.
**Kettenrad** leicht abnehmbar und fein vernickelt.
**Kette** neue ½" Rollenkette.
**Pedale** staubsichere Flügelpedale.
**Laufräder** 28" Durchmesser.
**Felgen** verstärkt für Wulstreifen.
**Kotschützer** aus Blech.
**Lenkstange** Abbildung 3 (Seite 7) oder nach Wunsch, Befestigung durch Innenklemmung.
**Uebersetzung** ca. 68" oder, soweit möglich, nach Tabelle (S. 29.)
**Sattel** kräftig mit vernickelten Federn.
**Kleiderschutz** Verschnürung und Celluloid-Kettenschutz.
**Musterschutz** D. R. G. M. Nr. 89 486 und Nr. 94 540.

Preis Mk. 140.

Freilauf mit Rücktritt-Innenbremse 20 Mark mehr.

13

**Opel Nr. 1 Tourenrad**

**Rahmen** modern, unsichtbare Verbindungen.
**Gabel** mit vernickeltem Kopf.
**Kurbellager** ausziehbares Hülsenlager D. R. P. Nr. 100 596.
**Kettenrad** leicht abnehmbar und fein vernickelt, schön verziert.
**Kette** moderne ½" Rollenkette.
**Pedale** elegante staubsichere Flügelpedale.
**Laufräder** 28" Durchmesser.
**Felgen** verstärkt für Wulstreifen.
**Kotschützer** aus Blech.
**Lenkstange** Abbildung 3 (Seite 7) oder nach Wunsch, Befestigung durch Innenklemmung.
**Uebersetzung** ca. 76" oder, soweit möglich, nach Tabelle (S. 29.)
**Sattel** groß und kräftig, helles Leder und vernickelte Federn.
**Musterschutz** D. R. G. M. Nr. 89 486 und Nr. 94 540.

Preis Mk. 155.

Freilauf mit Rücktritt-Innenbremse 20 Mark mehr.

14

**Opel Nr. 2 Halbrenner**

**Rahmen** modern, unsichtbare Verbindungen, nach vorn geneigtes Scheitelrohr.
**Gabel** mit vernickeltem Kopf, gekröpft.
**Kurbellager** schmal, leicht auseinandernehmbar, mit Tellerverschluß.
**Kettenrad** leicht abnehmbar und fein vernickelt, modernes Dessin.
**Kette** moderne ½" Rollenkette.
**Pedale** elegante staubsichere Flügelpedale.
**Laufräder** 28" Durchmesser.
**Felgen** Westwood- oder imitierte Doppelhohlstahlfelgen.
**Lenkstange** Abbildung 5 (Seite 7) oder nach Wunsch, Befestigung durch Innenklemmung.
**Uebersetzung** ca. 78" oder, soweit möglich, nach Tabelle (S. 29).
**Sattel** praktischer Halbrennsattel mit vernickelten Federn.
**Musterschutz** D. R. G. M. Nr. 89 486 und Nr. 94 540.

Preis Mk. 150.

Freilauf mit Rücktritt-Innenbremse 20 Mark mehr.

15

**Opel Nr. 10 Tourenrad**

**Rahmen** modern, unsichtbare Verbindungen.
**Gabel** mit vernickeltem Kopf.
**Kurbellager** schmal, leicht auseinandernehmbar. D. R. G. M. Nr. 315 142.
**Kettenrad** leicht abnehmbar und fein vernickelt.
**Kette** neue ½" Rollenkette.
**Pedale** staubsichere Flügelpedale.
**Laufräder** 28" Durchmesser.
**Felgen** verstärkt für Wulstreifen.
**Kotschützer** aus Blech.
**Lenkstange** Abbildung 3 (Seite 7) oder nach Wunsch, Befestigung durch Innenklemmung.
**Uebersetzung** ca. 76" oder, soweit möglich, nach Tabelle (S. 29).
**Sattel** groß und kräftig mit vernickelt. Federn.
**Musterschutz** D. R. G. M. Nr. 89 486 und Nr. 94 540.

Preis Mk. 130.

Freilauf mit Rücktritt-Innenbremse 20 Mark mehr.

12

**Opel Nr. 1 Tourenrad**

**Rahmen** modern, unsichtbare Verbindungen.
**Gabel** mit vernickeltem Kopf.
**Kurbellager** ausziehbares Hülsenlager D. R. P. Nr. 100 596.
**Kettenrad** leicht abnehmbar und fein vernickelt, schön verziert.
**Kette** moderne ½" Rollenkette.
**Pedale** elegante staubsichere Flügelpedale.
**Laufräder** 28" Durchmesser.
**Felgen** verstärkt für Wulstreifen.
**Kotschützer** aus Blech.
**Lenkstange** Abbildung 3 (Seite 7) oder nach Wunsch, Befestigung durch Innenklemmung.
**Uebersetzung** ca. 76" oder, soweit möglich, nach Tabelle (S. 29.)
**Sattel** groß und kräftig, helles Leder und vernickelte Federn.
**Musterschutz** D. R. G. M. Nr. 89 486 und Nr. 94 540.

Preis Mk. 155.

Freilauf mit Rücktritt-Innenbremse 20 Mark mehr.

14

**Opel Nr. 4 Luxus-Tourenrad**

**Rahmen** modern, unsichtbare Verbindungen.
**Gabel** mit vernickeltem Kopf.
**Kurbellager** ausziehbares Hülsenlager, D. R. P. Nr. 100 596, mit Tellerverschluß.
**Kettenrad** leicht abnehmbar und fein vernickelt, hochmodern.
**Kette** neueste ½" Rollenkette.
**Pedale** elegante staubsichere Flügelpedale.
**Laufräder** 28" Durchmesser.
**Felgen** Doppelhohlstahlfelgen oder Holzfelgen mit Aluminium-Einlage nach Wahl.
**Kotschützer** aus Blech oder Holz nach Wahl.
**Lenkstange** Abbildung 8 (Seite 7) oder nach Wunsch, Befestigung durch Innenklemmung.
**Uebersetzung** ca. 72" oder, soweit möglich, nach Tabelle (S. 29.)
**Sattel** bequem, mit vernickelt. Federn.
**Musterschutz** D. R. G. M. Nr. 89 486 und Nr. 94 540.

Preis Mk. 200.

Freilauf mit Rücktritt-Innenbremse 20 Mark mehr.

18

**Opel Nr. 6 Leichtes Rennrad**

Hochelegant, schnell und zuverlässig,
dies sind — mit wenigen Worten gesagt — die Kennzeichen des
Opel-Racers Nr. 6.

Obige Abbildung stellt das neueste Modell des Bahnracers dar; die Maschine wird ohne Bremse und ohne Aufstieg mit einem ganz schmal gehaltenen Tretlager geliefert.

Auch im verflossenen Jahre hat sich der Opel-Renner sowohl auf der Straße als auch auf der Rennbahn glänzend bewährt; sicherlich wird auch in der Saison 1911 die Opel-Rennmaschine ihre führende Stellung auf dem deutschen Fahrradmarkte behaupten.

Opel-Racer Nr. 6
wird ausschließlich mit Holzfelgen und Schlauchreifen geliefert.

Preis Mk. 230.

21

**Opel Flora Nr. 8 Feines Damenrad**

**Rahmen** modern, beide Röhren geschweißt, unsichtbare Verbindungen.
**Gabel** mit vernickeltem Kopf.
**Kurbellager** ausziehbares Hülsenlager D. R. P. Nr. 100 596.
**Kettenrad** leicht abnehmbar und fein vernickelt.
**Kette** neue ½" Rollenkette.
**Pedale** staubsichere Flügelpedale.
**Laufräder** 28" Durchmesser.
**Felgen** verstärkt für Wulstreifen.
**Kotschützer** aus Blech.
**Lenkstange** Abbildung 3 (Seite 7) oder nach Wunsch, Befestigung durch Innenklemmung.
**Uebersetzung** ca. 64" oder, soweit möglich, nach Tabelle (S. 29.)
**Sattel** mit vernickelten Federn.
**Kleiderschutz** Verschnürung und Celluloid-Kettenkasten.
**Musterschutz** D. R. G. M. Nr. 89 486 und Nr. 94 540.

Preis Mk. 170.

Freilauf mit Rücktritt-Innenbremse 20 Mark mehr.

22

## Opel Nr. 10 Tourenrad

RAHMEN modern, unsichtbare Verbindungen.
GABEL mit vernickeltem Kopf.
KURBELLAGER schmal, leicht auseinandernehmbar, D.R.G.M. Nr. 315 142.
KETTENRAD leicht abnehmbar und fein vernickelt.
KETTE neue 1/2" Rollenkette.
PEDALE staubsichere Flügelpedale.
LAUFRÄDER 28" Durchmesser.
FELGEN verstärkt für Wulstreifen.
KOTSCHÜTZER aus Blech.
LENKSTANGE nach Wahl (Seite 38/39). Befestigung durch Innenklemmung.
ÜBERSETZUNG ca. 70".
SATTEL groß und kräftig mit vernickelten Federn.

Rahmenhöhe regulär 60 cm, hoch 65 cm, niedrig 55 cm.

## Opel Flora Nr. 7 Feines Damenrad

RAHMEN modern, beide Röhren geschweift, unsichtbare Verbindungen.
GABEL mit vernickeltem Kopf.
KURBELLAGER schmal, leicht auseinandernehmbar.
KETTENRAD leicht abnehmbar und fein vernickelt.
KETTE neue 1/2" Rollenkette.
PEDALE staubsichere Flügelpedale.
LAUFRÄDER 28" Durchmesser.
FELGEN verstärkt für Wulstreifen.
KOTSCHÜTZER aus Blech.
LENKSTANGE nach Wahl (Seite 38/39). Befestigung durch Innenklemmung.
ÜBERSETZUNG ca. 63".
SATTEL kräftig mit vernickelten Federn.
KLEIDERSCHUTZ Verschnürung und Celluloid-Kettenschutz.

Rahmenhöhe regulär 55 cm, hoch 60 cm, niedrig 50 cm.

## Opel Nr. 1 Feines Tourenrad

RAHMEN modern, unsichtbare Verbindungen.
GABEL mit vernickeltem Kopf.
KURBELLAGER ausziehbares Hülsenlager D. R. P. Nr. 100 596.
KETTENRAD leicht abnehmbar und fein vernickelt, schön verziert.
KETTE moderne 1/2" Rollenkette.
PEDALE elegante, staubsichere Flügelpedale.
LAUFRÄDER 28" Durchmesser.
FELGEN verstärkt für Wulstreifen.
KOTSCHÜTZER aus Blech.
LENKSTANGE nach Wahl (Seite 38/39). Befestigung durch Innenklemmung.
ÜBERSETZUNG ca. 72".
SATTEL groß und kräftig, helles Leder und vernickelte Federn.

Rahmenhöhe regulär 60 cm, hoch 65 cm, niedrig 55 cm.

## Opel Nr. 3 Straßenrennrad

Sieger „Wien – Berlin" oder „Basel – Cleve"

RAHMEN modern, unsichtbare Verbindungen, nach vorn geneigtes Scheitelrohr.
GABEL modern mit vernickeltem Kopf.
KURBELLAGER schmal, leicht auseinandernehmbar mit Tellerverschluß.
KETTENRAD leicht abnehmbar und fein vernickelt, modernes Dessin.
KETTE neueste 1/2" Rollenkette.
PEDALE elegante, staubsichere Flügelpedale.
LAUFRÄDER 28" Durchmesser.
FELGEN Doppelhohlstahlfelgen oder Westwood-Felgen nach Wahl.
LENKSTANGE nach Wahl (Seite 38/39). Befestigung durch Innenklemmung.
ÜBERSETZUNG ca. 74".
SATTEL sehr geeignet, mit vernickelten Federn.

Rahmenhöhe regulär 60 cm, hoch 65 cm, niedrig 55 cm.

## Opel Nr. 6 Leichtes Rennrad

Wie immer, so hat sich auch im verflossenen Jahre der Opel-Racer sowohl auf der Straße als auch auf der Rennbahn glänzend bewährt; die vorbildliche Konstruktion dieses Rades ermöglicht die hervorragendsten Leistungen.

### Schnell, zuverlässig und elegant

waren vor Jahren die Kennzeichen des Opel-Racers gewesen; auch in der Saison 1914 wird sicherlich dieses Modell seine führende Stellung auf dem Fahrradmarkte behaupten.

### Opel-Racer Nr. 6

wird ausschließlich mit Holzfelgen und Schlauchreifen geliefert.

Rahmenhöhe regulär 58 cm, hoch 63 cm, niedrig 55 cm.

## Opel Nr. 6a Leichtes Tourenrad

Außerordentlich kräftiges Fahrrad, besonders geeignet für Tourenfahrten und Straßenrennen. Diese Maschine zeigt eine neue Art der Ausführung des Rahmens und wird infolge der durch die eigenartige Konstruktion desselben erreichten Stabilität von Sportsleuten mit Vorliebe gekauft.

Beste Ausstattung, geringes Gewicht und absolut leichter Lauf empfehlen dieses Fahrrad ganz besonders.

Die Maschine ist in ihren Einzelheiten der auf Seite 19 erwähnten Opel Nr. 6 angepaßt, wird aber regulär mit Stahlfelgen geliefert.

Rahmenhöhe regulär 60 cm, hoch 65 cm, niedrig 55 cm.

## Opel-Saal- und Kunstfahr-Maschine

Dieses Modell wird genau nach den Bestimmungen der großen Radfahrerverbände (D. R. B., A. R. U. und S. R. B.) hergestellt. In zahlreichen Vereinen, darunter die besten Deutschlands, wird diese Maschine mit besonderer Vorliebe benutzt.

Viele hervorragende Erfolge wurden auf Opel-Saalfahr-Maschine erzielt und zahlreiche Anerkennungen der verwöhntesten Fahrer liegen vor, der beste Beweis für die Güte des Fabrikates.

Saal- und Kunstfahr-Maschinen werden je nach Wunsch schwarz emailliert oder komplett vernickelt geliefert; für letztere Ausführung kommt ein Aufpreis von Mk. 30.— zur Berechnung.

## Opel Nr. 9 Geschäftsrad

Kräftiges, solides Fahrrad für den Geschäftsverkehr, durch Anbringung beliebiger Aufschriften gleichzeitig eine wirkungsvolle Reklame.

Die Ausstattung dieses Rades entspricht im allgemeinen derjenigen der Opel Nr. 1, jedoch ist die Bauart mit Rücksicht auf die außerordentlich hohe Beanspruchung solcher Geschäftsräder noch stabiler. Die Emaillierung des Rahmens und der Vorderradgabel erfolgt in jeder gewünschten Farbe; das zwischen den Rahmenröhren befindliche Schild kann gegen entsprechende Berechnung mit zweckmäßiger Reklame versehen werden.

Rahmenhöhe regulär 60 cm.

Fahrräder * Bicyclettes

Bicycles * Bicicletas

OPEL RÜSSELSHEIM

ADAM OPEL
RÜSSELSHEIM (MAIN)

Telegramm-Adresse • Telegrams • Telegramas • Adresse télégraphique
OPEL RÜSSELSHEIM
Codes: A. B. C.-Code 5th Edition – Opel-Code

RÜSSELSHEIM (MAIN)

mit den OPEL-Werken im Jahre | with the OPEL motor car works in
avec les usines OPEL en ∨ con la fábrica OPEL en el año
1920

Arbeiter – Ouvriers | 5000 | Workmen – Obreros
Hilfsmaschinen – Machines utiles | 3000 | Machine tools – Máquinas auxiliares

Nr. 759 (II. 26.)

OPEL COURIER KNABENRAD.
Lieferbar in drei Größen: Rahmen 48, 42, 38 cm; Räder 26, 22, 20"
Diese Maschine ist identisch mit Opel 10. Bei Bestellung ist genaue Größe anzugeben.

BICYCLETTE POUR ENFANTS.
Liverable en trois tailles: Cadre 48, 42, 38 cm; Roues 26, 22, 20". Cette machine est conforme à la Opel 10. A la commandant, on doit indiquer exactement la taille désirée.

IUVENILE MACHINE. Deliverable in three sizes: Frame 19, 17, 15"; Wheels 26, 22, 20". This machine is conformable to Opel 10. By orders please state exactly the desired size.

BICICLETA PARA NIÑOS.
Entregable en tres tamaños: Cuadro 48, 42, 38 cm; Ruedas 26, 22, 20"
Esta máquina corresponde al Opel 10. Indiquese al hacer el pedido, el tamaño que se desea.

OPEL FLORA MÄDCHENRAD.
Lieferbar in zwei Größen: Rahmen 42, 38 cm; Räder 24, 22"
Diese Maschine ist identisch mit Opel 7. Bei Bestellung ist genaue Größe anzugeben.

BICYCLETTE POUR FILLES.
Liverable en deux tailles: Cadre 42, 38 cm; Roues 24, 22". Cette machine est conforme à la Opel 7. A la commandant, on doit indiquer exactement la taille désirée.

IUVENILE MACHINE.
Deliverable in two sizes: Frame 17, 15"; Wheels 24, 22"
This machine is conformable to Opel 7. By orders please state exactly the desired size.

BICYCLETA PARA NIÑAS.
Entregable en dos tamaños: Cuadro 42, 38 cm; Ruedas 24, 22"
Esta máquina corresponde al Opel 7. Indiquese al hacer el pedido, el tamaño que se desea.

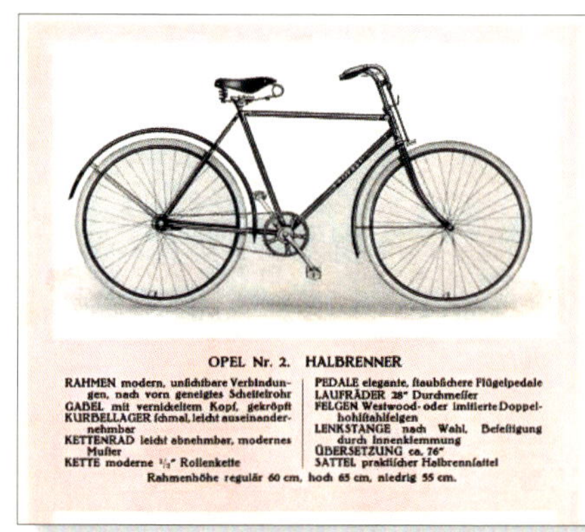
OPEL Nr. 2. HALBRENNER

RAHMEN modern, unsichtbare Verbindungen, nach vorn geneigtes Scheitelrohr
GABEL mit vernickeltem Kopf, gekröpft
KURBELLAGER schmal, leicht auseinandernehmbar
KETTENRAD leicht abnehmbar, modernes Muster
KETTE moderne 1/2" Rollenkette
PEDALE elegante, staubsichere Flügelpedale
LAUFRÄDER 28" Durchmesser
FELGEN Westwood- oder imitierte Doppelhohlstahlfelgen
LENKSTANGE nach Wahl, Befestigung durch Innenklemmung
ÜBERSETZUNG ca. 76"
SATTEL praktischer Halbrennsattel

Rahmenhöhe regulär 60 cm, hoch 65 cm, niedrig 55 cm.

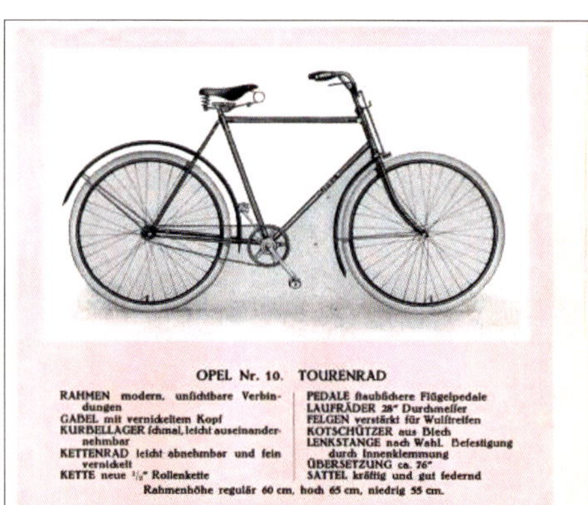
OPEL Nr. 10. TOURENRAD

RAHMEN modern, unsichtbare Verbindungen
GABEL mit vernickeltem Kopf
KURBELLAGER schmal, leicht auseinandernehmbar
KETTENRAD leicht abnehmbar und fein vernickelt
KETTE neue 1/2" Rollenkette
PEDALE staubsichere Flügelpedale
LAUFRÄDER 28" Durchmesser
FELGEN verstärkt für Wulstreifen
KOTSCHÜTZER aus Blech
LENKSTANGE nach Wahl. Befestigung durch Innenklemmung
ÜBERSETZUNG ca. 76"
SATTEL kräftig und gut federnd

Rahmenhöhe regulär 60 cm, hoch 65 cm, niedrig 55 cm.

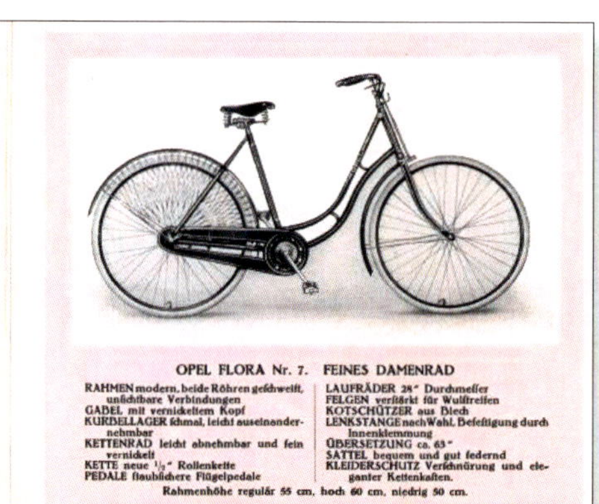
OPEL FLORA Nr. 7. FEINES DAMENRAD

RAHMEN modern, beide Röhren geschweift, unsichtbare Verbindungen
GABEL mit vernickeltem Kopf
KURBELLAGER schmal, leicht auseinandernehmbar
KETTENRAD leicht abnehmbar und fein vernickelt
KETTE neue 1/2" Rollenkette
PEDALE staubsichere Flügelpedale
LAUFRÄDER 28" Durchmesser
FELGEN verstärkt für Wulstreifen
KOTSCHÜTZER aus Blech
LENKSTANGE nach Wahl. Befestigung durch Innenklemmung
ÜBERSETZUNG ca. 63"
SATTEL bequem und gut federnd
KLEIDERSCHUTZ Verschnürung und eleganter Kettenkasten.

Rahmenhöhe regulär 55 cm, hoch 60 cm, niedrig 50 cm.

OPEL Nr. 6. LEICHTES RENNRAD

Hochelegant, schnell und zuverlässig, dies sind, mit wenigen Worten gesagt, die Kennzeichen des OPEL-RACERS Nr. 6.

Obenstehende Abbildung stellt das neueste Modell des Bahnracers dar; die Maschine wird ohne Bremse und ohne Aufstieg mit einem ganz schmal gehaltenen Tretlager geliefert.

Auch in früheren Jahren hat sich der Opel-Racer sowohl auf der Straße als auch auf der Rennbahn glänzend bewährt; sicherlich wird auch in der kommenden Saison die OPEL-Rennmaschine ihre führende Stellung auf dem deutschen Fahrradmarkte behaupten.

OPEL-RACER Nr. 6 wird, soweit möglich, mit Holzfelgen geliefert.

Rahmenhöhe regulär 60 cm, hoch 65 cm, niedrig 55 cm.

# OPEL
MODELL NR. 10

## Feines Tourenrad

**Rahmen:** moderne Form aus nahtlos gezogenem Präzisionsstahlrohr, unsichtbare Verbindungen, tiefschwarz emailliert, mit einfachen Silberlinien abgesetzt.
**Gabel:** mit vernickeltem Kopf.
**Tretlager:** Doppelglockenlager, auf Wunsch Keillager.
**Kettenrad:** mit breit angewalztem Rand, beidseitig hochglanz vernickelt.
**Kette:** ........ ½" Teilung.
**Pedale:** ........ Flügelpedale.
**Felgen:** Panzer-Stahlfelgen für Wulstreifen 28×1½".
**Bereifung:** ........ Continental.
**Kotschützer:** Stahlblech, tiefschwarz emailliert, mit einfachen Silberlinien abgesetzt, über die Vorderradgabel überstehend.
**Lenkstange:** hochgebogen, Modell 2b oder 3b.
**Übersetzung:** ........ ca. 70".
**Sattel:** kräftig, helles Leder, vernickeltes Sattelgestell.
**Tasche:** Ledertasche im Rahmen mit komplettem Werkzeug.
**Rahmenhöhe:** 55 cm niedrig, 60 cm normal, 65 cm hoch.

# OPEL
MODELL NR. 7

## Feines Damenrad

**Rahmen:** moderne Form, beide Rohre geschweift, aus nahtlos gezogenem Präzisionsstahlrohr, unsichtbare Verbindungen, tiefschwarz emailliert, mit einfachen Silberlinien abgesetzt.
**Gabel:** mit vernickeltem Kopf.
**Tretlager:** Doppelglockenlager.
**Kettenrad:** mit breit angewalztem Rand, beidseitig hochglanz vernickelt.
**Kette:** ........ ½" Teilung.
**Pedale:** geteilte Gummiklotz-Pedale.
**Felgen:** Panzer-Stahlfelgen für Wulstreifen 28×1½".
**Bereifung:** ........ Continental.
**Kotschützer:** Stahlblech, tiefschwarz emailliert, mit einfachen Silberlinien abgesetzt, über die Vordergabel überstehend.
**Lenkstange:** hochgebogen, Modell 2b oder 3b.
**Übersetzung:** ........ ca. 65".
**Sattel:** kräftig, helles Leder, vernickeltes Sattelgestell.
**Tasche:** Ledertasche im Rahmen mit komplettem Werkzeug.
**Kleiderschutz:** Verschnürung und Kettenschutz aus Blech mit Zelluloideinlage.
**Rahmenhöhe:** regulär 53 cm, auf Wunsch auch 55 u. 60 cm hoch.

# OPEL
MODELL NR. 3

## Luxus-Halbrenner

**Rahmen:** moderne Form aus nahtlos gezogenem Präzisionsstahlrohr, unsichtbare Verbindungen, Gabelscheiden, konisch auslaufend, Radauswerfer, Flügelmuttern, Emaillierung tiefschwarz, Steuerkopf mit farbigem Strahlenstern.
**Gabel:** mit vernickeltem Kopf.
**Tretlager:** ........ Keilkurbeln.
**Kettenrad:** mit breit angewalztem Rand, beidseitig hochglanz vernickelt.
**Kette:** ........ ½" Teilung.
**Pedale:** ........ Rennpedale.
**Felgen:** vernickelte Westwoodfelgen 28×1½×1¾" mit schwarzem Mittelstreifen (auch holzfarbig emailliert) oder holzfarbig emaillierte Doppelhohl-Wulstfelgen 28×1½". Auf Wunsch auch Holzfelgen für Drahtreifen gegen Aufpreis.
**Bereifung:** rote Draht- od. Wulstreifen 28×1½×1¾".
**Kotschutz:** ........ ohne.
**Lenkstange:** ........ tiefgebogen.
**Übersetzung:** ........ ca. 70".
**Sattel:** heller Spezial-Rennsattel.
**Tasche:** Renntasche am Sattel mit komplettem Werkzeug.
**Rahmenhöhe:** nur 54 cm.

# OPEL
MODELL NR. 3a

## Luxus-Damenrad
(Sportmodell)

**Rahmen:** moderne Form aus nahtlos gezogenem Präzisionsstahlrohr, gerades unteres Rahmenrohr, unsichtbare Verbindungen, Gabelscheiden konisch auslaufend, Radauswerfer, Flügelmuttern, Emaillierung tiefschwarz mit dopp. Goldlinien abgesetzt und blauem Strahlenstern.
**Gabel:** mit vernickeltem Kopf.
**Tretlager:** ........ Keilkurbeln.
**Kettenrad:** mit breit angewalztem Rand, beidseitig hochglanz vernickelt.
**Kette:** ........ ½" Teilung.
**Pedale:** geteilte Gummiklotzpedale.
**Felgen:** vernickelte Westwoodfelgen 28×1½×1¾" mit schwarzem Mittelstreifen (auch holzfarbig emailliert) oder holzfarbig emaillierte Doppelhohl-Wulstfelg. 28×1½". Auf Wunsch auch Holzfelgen für Drahtreifen gegen Aufpreis.
**Bereifung:** rote Draht- od. Wulstreifen 28×1½×1¾".
**Kotschützer:** Stahlblech, tiefschwarz emailliert, mit dopp. Goldlinien abgesetzt, über die Vorderradgabel überstehend.
**Lenkstange:** hochgebogen, Modell 2b oder 3b.
**Übersetzung:** ........ ca. 65".
**Sattel:** schnittischer heller Sportsattel.
**Tasche:** Ledertasche im Rahmen mit komplettem Werkzeug.
**Kleiderschutz:** elegantes Seidennetz, moderner Kettenkasten.
**Rahmenhöhe:** nur 55 cm hoch.

# OPEL ZR III

## Die klassische Strassenrennmaschine
Das Rad der Sieger.

**Rahmen:** moderne Bauart aus nahtlos gezogenem Präzisionsstahlrohr, Außenlötung, mit konisch auslaufenden Gabelscheiden, Radauswerfer, Flügelmuttern, Emaillierung gelb, Steuerkopf mit schwarzem Strahlenstern.
**Gabel:** ........ Spezialausführung.
**Tretlager:** in Spezialausführung, Kette ½" Teilung.
**Kettenrad:** mit breit angewalztem Rand, beidseitig hochglanz vernickelt.
**Pedale:** Rennpedale mit Haken und Lederriemen.
**Felgen:** ........ Holzfelgen 27".
**Bereifung:** Schlauchreifen Polack Cord.
**Kotschützer:** ........ ohne.
**Lenkstange:** tiefgebogener Rennlenker, Tragkorb mit 2 Trinkflaschen.
**Naben:** Freilauf mit Rücktrittbremse und doppelten Zahnkränzen.
**Sattel:** langer heller Rennsattel.
**Tasche:** Renntasche am Sattel mit komplettem Werkzeug.
**Rahmenhöhe:** ........ 56 cm.

# OPEL
MODELL NR. 5

## Luxus-Tourenrad
(Typ England)

**Rahmen:** aus nahtlos gezogenem Präzisionsstahlrohr, Außenlötung tiefschwarz emailliert mit doppelten Silberlinien abgesetzt.
**Gabel:** mit vernickeltem Kopf.
**Tretlager:** Keillager.
**Kettenrad:** mit breit angewalztem Rand, beidseitig hochglanz vernickelt.
**Kette:** ½" Teilung.
**Pedale:** Flügelpedale mit Gummieinlagen.
**Felgen:** vernickelte Westwoodfelgen 28×1½" mit schwarzem Mittelstreifen.
**Bereifung:** Continental.
**Kotschützer:** Stahlblech, tiefschwarz emailliert, mit dopp. Silberlinien abgesetzt, über die Vorderradgabel verlängert.
**Lenkstange:** englische Form Modell 2b.
**Bremse:** doppelte Felgenbremse.
**Naben:** Freilaufzahnkranz, auf Wunsch auch Freilauf mit Rücktrittbremse.
**Übersetzung:** ........ ca 70".
**Sattel:** kräftiger Tourensattel, helles Leder, vernickeltes Gestell.
**Tasche:** Ledertasche im Rahmen mit komplettem Werkzeug.
**Rahmenhöhe:** 55 cm niedrig, 60 cm mittel, 65 cm hoch.

# OPEL
MODELL NR. 5a

## Luxus-Damenrad
Typ England.

**Rahmen:** aus nahtlos gezogenem Präzisionsstahlrohr, Außenlötung unteres Rahmenrohr gerade, tiefschwarz emailliert mit doppelten Silberlinien abgesetzt.
**Gabel:** mit vernickeltem Kopf.
**Tretlager:** Keillager.
**Kettenrad:** mit breit angewalztem Rand, beidseitig hochglanz vernickelt.
**Kette:** ½" Teilung.
**Pedale:** Gummiklotz-Pedale.
**Felgen:** vernickelte Westwoodfelgen 28 × 1½" mit schwarzem Mittelstreifen.
**Bereifung:** Continental.
**Kotschützer:** Stahlblech, tiefschwarz emailliert, mit doppelten Silberlinien abgesetzt, über die Vorderradgabel verlängert.
**Lenkstange:** englische Form 2b.
**Bremse:** doppelte Felgenbremse.
**Naben:** Freilaufzahnkranz, auf Wunsch auch Freilauf mit Rücktrittbremse.
**Übersetzung:** ........ ca. 65".
**Sattel:** kräftig, helles Leder, vernickeltes Sattelgestell.
**Tasche:** Ledertasche im Rahmen mit komplettem Werkzeug.
**Rahmenhöhe:** 50 cm niedrig, 55 cm regulär.

# OPEL
MODELL NR. 9

## Geschäftsrad

**Rahmen:** besonders starke Bauart, unsichtbare Verbindungen, tiefschwarz emailliert.
**Gabel:** mit vernickeltem Kopf.
**Tretlager:** Doppelglockenlager.
**Kettenrad:** mit breitem angewalztem Rand, beidseitig hochglanz vernickelt.
**Kette:** ........ extra stark ½×5/16".
**Pedale:** ........ Klotzpedale.
**Felgen:** Panzerstahlfelgen für Wulstreifen 28×1½".
**Bereifung:** Continental verstärkt.
**Kotschutz:** Stahlblech, tiefschwarz emailliert.
**Lenkstange:** hochgebogen, Modell 2b oder 3b.
**Übersetzung:** ........ ca. 70".
**Sattel:** extra stark, braunes Leder, vernickeltes Sattelgestell.
**Rahmenhöhe:** 55 cm niedrig, 60 cm regulär.

Diese Maschine wird auf Wunsch mit Rahmenschild für Reklamezwecke geliefert.

2
OPEL
HENZE

GROSSTE PRODUKTION DER WELT
Das Rad der Sieger!
GROSSTE PRODUKTION DER WELT

GROSSTE PRODUKTION DER WELT
OPEL ZR III
Original-Berufsfahrer-Modell
GROSSTE PRODUKTION DER WELT

GROSSTE PRODUKTION DER WELT
OPEL
Standard
HERRENRAD
GROSSTE PRODUKTION DER WELT

GROSSTE PRODUKTION DER WELT
OPEL
Standard
DAMENRAD
GROSSTE PRODUKTION DER WELT

GROSSTE PRODUKTION DER WELT
OPEL
Nr. 10
FEINES
TOURENRAD
GROSSTE PRODUKTION DER WELT

GROSSTE PRODUKTION DER WELT
OPEL
Nr. 7
FEINES
DAMENRAD
GROSSTE PRODUKTION DER WELT

GROSSTE PRODUKTION DER WELT
OPEL
Flitzer
LUXUS
HALBRENNER
GROSSTE PRODUKTION DER WELT

GROSSTE PRODUKTION DER WELT
OPEL
Gelbstern
LUXUS
DAMENRAD
GROSSTE PRODUKTION DER WELT

GRÖSSTE PRODUKTION DER WELT
OPEL
Kurier
KNABENRAD
GRÖSSTE PRODUKTION DER WELT

DAS
NEUE
BLITZ
RAD
75 RM.

GRÖSSTE PRODUKTION DER WELT
OPEL
Flora
MÄDCHENRAD
GRÖSSTE PRODUKTION DER WELT

GRÖSSTE PRODUKTION DER WELT
OPEL
GESCHÄFTS
RAD
OPEL
GRÖSSTE PRODUKTION DER WELT

Ein Rad, das den Wünschen des großen Publikums entspricht. Dieses Rad läßt sich nur mit Rädern zu viel höherem Preise vergleichen. Es ist leicht zu treten und fährt dabei schnell. Sie verlangen tägliche befriedigende Dienste Jahre hindurch. Die aussergewöhnliche Stabilität und die Qualität des neuen Blitz-Rades bürgen Ihnen dafür.
DAS BLITZRAD RM. 75

GRÖSSTE PRODUKTION DER WELT
GRÖSSTE PRODUKTION
DER WELT!
GRÖSSTE PRODUKTION DER WELT

Nie vorher wurde so hohe Qualität zu so niedrigem Preis geboten, wie in diesem Rad. Der erfahrene Händler wird Ihnen dies bestätigen. Er wird Ihnen zeigen, wie dieses Rad in allen Einzelheiten aus hochwertigem Material durch Präzisionsarbeit hergestellt worden ist. Es befriedigt den Anspruchsvollsten. Das beste Angebot auf dem Markt.
DAS BLITZRAD RM. 82

OPEL-STANDARD
HERREN-RAD

Das ideale Rad fürs Geschäft und für Ausflüge — unentbehrlich für jeden, der seine Zeit richtig ausnutzen will. Nachstehende Buchstaben bezeichnen die auf Seite 13 ausführlich beschriebenen technischen Einzelheiten: A-C-E-F-G-H-J-K-L-M-N-O-P-Q-S.

GRÖSSTE PRODUKTION DER WELT

OPEL-STANDARD
DAMEN-RAD

Das Rad läuft spielend leicht. Unentbehrlich für den täglichen Gebrauch jeder Dame für berufliche oder für sportliche Zwecke. Nachstehende Buchstaben bezeichnen die auf Seite 13 ausführlich beschriebenen technischen Einzelheiten: A-C-E-F-G1-H-J-K-L-M1-N-O-P-Q-R-S1-T.

GRÖSSTE PRODUKTION DER WELT

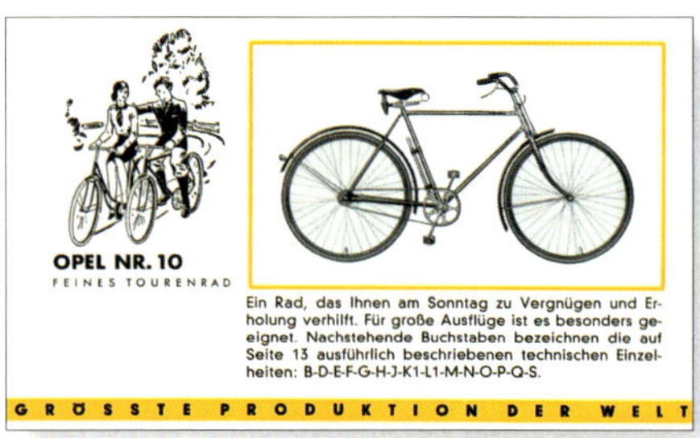

OPEL NR. 10
FEINES TOURENRAD

Ein Rad, das Ihnen am Sonntag zu Vergnügen und Erholung verhilft. Für große Ausflüge ist es besonders geeignet. Nachstehende Buchstaben bezeichnen die auf Seite 13 ausführlich beschriebenen technischen Einzelheiten: B-D-E-F-G-H-J-K1-L1-M-N-O-P-Q-S.

GRÖSSTE PRODUKTION DER WELT

OPEL NR. 7
FEINES DAMENRAD

Elegant und rassig, ein ideales Geschenk für Frau und Tochter, eine Quelle jahrelanger Freude. Nachstehende Buchstaben bezeichnen die auf Seite 13 ausführlich beschriebenen technischen Einzelheiten: B-D-E-F-G1-H-J-K1-L1-M1-N-O-P-Q-R-S1-T.

GRÖSSTE PRODUKTION DER WELT

OPEL-FLITZER
HALBRENNER

Mit diesem eleganten Halbrenner bewältigt man jede Strecke spielend leicht. Beliebt bei der Jugend und bei Sportfahrern.
**Rahmen:** elegant und gut durchdachte Form, aus nahtlos gezogenen Rohren hergestellt, tiefschwarz emailliert, doppelt mit Gold abgesetzt, creme geflammter Stern. — **Gabel:** zweckentsprechende Halbrenngabel. — **Tretlager:** Keillager. — **Kettenrad:** angewalzter Rand, hochglanzpoliert. — **Kette:** ½" x ⅛". — **Pedale:** Flügelpedale. — **Felgen:** Wulst 28 x 1⅜ x 1⅜". — **Bereifung:** Wulst 28 x 1⅜ x 1⅜". — **Schutzbleche:** ohne (auf Wunsch mit Schutzblechen gegen Aufpreis). — **Lenker:** 2. — **Bremse:** Hinterrad mit Freilauf und Rücktrittbremse, Vorderrad mit Gummi-Bremse. — **Übersetzung:** ca. 68". **Sattel:** moderner Schienen-Sattel mit Hängefedern. — **Werkzeugtasche:** Ledertasche am Sattel mit komplettem Werkzeug. — **Pumpe:** Rahmenpumpe. — **Rahmenhöhe:** 54 cm.

GRÖSSTE PRODUKTION DER WELT

OPEL RAK 30
LEICHTER STRASSENRENNER

Das Rad der Sieger. Zuverlässig wie kein anderes. Aus tadellosem Material hergestellt. Verblüffend leicht zu fahren. — **Rahmen:** elegante Rennform aus nahtlos gezogenem Spezialstahl, Außenmuffen, gerade Hinterradscheiden und Streben. Spezialauswurfnocken mit Flügelmuttern, Emaillierung tiefschwarz, Steuerkopf mit farbig geflammtem Strahlenstern, Liniatur doppeltblau. — **Gabel:** konisch verlaufende Gabelscheiden mit eingesetzten senkrechten Auswerfern, Kopf vernickelt. — **Tretlager:** Keilkurbeln. — **Kettenrad:** angewalzter Rand, hochglanzvernickelt. — **Kette:** ½" Teilung. — **Pedale:** Rennpedale mit Haken und Fußriemen. — **Felgen:** Stahlfelgen für Wulstreifen 28 x 1⅜ x 1⅜" vernickelt, mit holzfarbigen Mittelstreifen, rot eingefaßt. — **Bereifung:** Extra Prima. — **Schutzbleche:** ohne (auf Wunsch mit Schutzblechen gegen Aufpreis). — **Lenkstange:** Rennlenker Modell 1. — **Naben:** Vorderradnabe: Spezial-Rennabe, Hinterradnabe: Freilaufnabe mit Rücktrittbremse und doppelten Zahnkränzen. — **Übersetzung:** ca. 70". — **Bremse:** Vorderrad-Bowden-Felgenbremse mit Gummikabel. — **Sattel:** langer Rennsattel. — **Tasche:** Renntasche am Sattel mit komplettem Werkzeug. — **Pumpe:** Rahmenpumpe, schlauchlos. — **Rahmenhöhe:** 54 cm.

GRÖSSTE PRODUKTION DER WELT

OPEL Z. R. III
ORIGINAL-MODELL

Das weltberühmte Rad der Räder. Bei unzähligen Rennen hat es seinem Fahrer zum Siege verholfen. **Rahmen:** Spezial-Rennkonstruktion, aus nahtlos gezogenem schwedischem Chromnickelstahl, außenliegende profilierte Muffen, Emaillierung gelb, Steuerkopf mit schwarzem Strahlenstern, Auswurfnocken in Spezial-Rennausführung. — **Gabel:** nahtlos gezogener Spezial-Nickelstahl, konisch verlaufend, mit eingesetzten senkrechten Auswerfern. — **Tretlager:** Spezial-Rennkonstruktion, Achsen aus Chromnickelstahl, beiderseitig hohl gebohrt, Lagerschalen durch drei gemeinsam geschnittene Gewinde fixiert und absolut wasser- und staubdicht abgeschlossen. — **Kurbeln:** aus Chromnickelstahl, elegantes Profil, absolute Steifheit beim Antritt. — **Kettenrad:** mit angewalztem Rand, zentriert, fünffach verschraubt und gegen Abscheren gesichert. — **Kette:** ½" Teilung. — **Kettenöler:** automatische Öler am Sattelstützrohr. — **Pedale:** Rennpedale mit Haken und Lederriemen. — **Felgen:** Original-Holzfelgen 27". — **Bereifung:** Straßen-Rennreifen 27 x 1". — **Schutzbleche:** ohne. — **Lenkstange:** tiefgebogen, in allen Stellungen handl. Rennlenker Modell 1. — **Flaschenkorb:** mit 2 Trinkflaschen und Opelauge. — **Naben:** Vorderradnabe: Spezial-Rennabe, Hinterradnabe: Freilaufnabe mit Rücktrittbremse und doppelten Zahnkränzen. — **Sattel:** langer, heller Rennsattel. — **Tasche:** Leder-Renntasche am Sattel mit komplettem Werkzeug. — **Pumpe:** Rahmenpumpe, schlauchlos. — **Rahmenhöhe:** 52, 56 cm.

GRÖSSTE PRODUKTION DER WELT

OPELRAD MIT BALLONBEREIFUNG
FÜR HERREN (auch für Damen)

Die neuzeitlichen Ballonreifen bieten dem Fahrer einen bisher nie gekannten Komfort. Wer nur ein einziges Mal auf diesem Rad gefahren ist, wird von seiner Bequemlichkeit überzeugt sein. Nachstehende Buchstaben bezeichnen die auf Seite 13 ausführlich beschriebenen technischen Einzelheiten: Herrenmodell: A-C-E-F-G-H2-J1-K-L-M2-N-O2-P-Q-S. Damenmodell: A-C-E-F-G1-H2-J1-K-L-M3-N-O2-P-Q-R-S1-T.

GRÖSSTE PRODUKTION DER WELT

OPEL-JUGENDRAD
FÜR KNABEN

Jeder Knabe soll den gesunden Fahrradsport ausüben. Das Opelrad ist durch sein schnelles Fahren und sein schönes Äußeres bei Knaben sehr beliebt. Nachstehende Buchstaben bezeichnen die auf Seite 13 ausführlich beschriebenen technischen Einzelheiten: A-C-E-F-G-H1-J2-L-M4-N-O1-P-S2-U.

OPEL-JUGENDRAD
FÜR MÄDCHEN

Einem Schulmädchen kann man mit diesem Rad nicht nur eine große Freude bereiten, man regt es auch zu gesunder Bewegung und zum Aufenthalt im Freien an. Nachstehende Buchstaben bezeichnen die auf Seite 13 ausführlich beschriebenen technischen Einzelheiten: A-C-E-F-G1-H1-J2-L-M4-N-O1-P-R-S2-T-U.

GRÖSSTE PRODUKTION DER WELT

OPEL NR. 9
GESCHÄFTSRAD

Dieses Rad ist wegen seiner unerreichten Dauerhaftigkeit das ideale Geschäftsrad. Der Rahmen gestattet höchste Belastungen.
**Rahmen:** besonders starke Bauart, unsichtbare Verbindungen, Emaillierung tiefschwarz, dopp. Rahmenrohre. — **Gabel:** elastisch und stabil, Kopf vernickelt. — **Tretlager:** Doppelglockenlager. — **Kettenrad:** angewalzter Rand, hochglanzvernickelt. — **Kette:** extra stark ½ x ³⁄₁₆". — **Pedale:** breite Klotzpedale. — **Felgen:** Wulst 28 x 1⅝". — **Bereifung:** Wulst 28 x 1⅝". — **Schutzbleche:** breit, aus profiliertem Stahlblech, das Vorderradblech nach vorn verlängert. — **Lenkstange:** hochgebogen, Modell 2 oder 3. — **Übersetzung:** 65". — **Naben:** Freilaufnabe mit Rücktrittbremse. — **Sattel:** extra stark, braunes Leder, vernickeltes Gestell. — **Tasche:** Ledertasche am Rahmen mit komplettem Werkzeug. — **Rahmenhöhe:** 55 cm. Auf Wunsch wird die Maschine mit Rahmenschild für Reklamezwecke gegen Aufpreis ausgestattet. — **Tragfähigkeit:** 300 Pfund.

GRÖSSTE PRODUKTION DER WELT

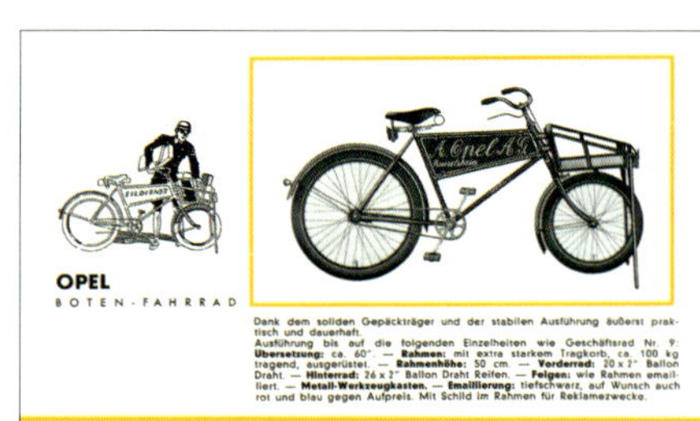

OPEL
BOTEN-FAHRRAD

Dank dem soliden Gepäckträger und der stabilen Ausführung äußerst praktisch und dauerhaft.
Ausführung bis auf die folgenden Einzelheiten wie Geschäftsrad Nr. 9: **Übersetzung:** ca. 60". — **Rahmen:** mit extra starkem Tragkorb, ca. 100 kg tragend, ausgerüstet. — **Rahmenhöhe:** 50 cm. — **Vorderrad:** 20 x 2" Ballon Draht. — **Hinterrad:** 26 x 2" Ballon Draht Reifen. — **Felgen:** wie Rahmen emailliert. — **Metall-Werkzeugkasten.** — **Emaillierung:** tiefschwarz, auf Wunsch auch rot und blau gegen Aufpreis. Mit Schild im Rahmen für Reklamezwecke.

GRÖSSTE PRODUKTION DER WELT

Jeder muß
dieses Rad sehen …
OPEL
Jeder soll es
zur Probe fahren

Wissen Sie, daß es 12 Millionen Interessenten für dieses neue Fahrrad gibt?
Wir schätzen die Zahl der Radfahrer in Deutschland auf ca. 12 Millionen. Nicht nur neue Interessenten, sondern alle alten Freunde des Fahrrades sind Kunden für das Opel-Rad mit Ballon-Bereifung.
Um dieses moderne Rad zu verkaufen, ist es nicht nötig, den Kunden durch Aufzählung aller Vorteile zu überreden. Fordern Sie jeden, dem Sie das Rad verkaufen möchten, auf, eine kurze Probefahrt zu machen. Diese Fahrt wird Ihren Kunden davon überzeugen, daß erst durch das Opel-Rad mit Ballon-Bereifung das Radfahren zu einem Vergnügen und zu einer Erholung wird.
Auf Opel-Rad mit Ballon-Bereifung fährt man leichter und daher schneller, man fährt bequemer und ruhiger! Selbst auf schlechtestem Pflaster fährt man ohne jede Erschütterung und mit dem Gefühl größter Sicherheit.
Benutzen Sie die Innenseite dieses Prospektes als Schaufenster-Plakat
OPEL
Adam Opel A.G., Rüsselsheim a. M.,
Fahrrad-Abteilung.

Das neue Opel-Rad mit Ballon-Bereifung
Herrenrad RM 120.-
Damenrad RM 135.-
Unerhört weich, sicher und bequem fahren Sie auf diesem neuen Opel-Rad mit Ballon-Bereifung! Ueberzeugen Sie sich durch eine unverbindliche Probefahrt von den erstaunlichen Vorteilen dieses Rades. Nur wer einmal ein Ballon-Rad gefahren hat, weiß, wie bequem und angenehm das Radfahren sein kann.
OPEL
OPEL

Das Opel Blitz Rad 1933 ist ein weiterer Beweis für die Tatsache, daß Opel dauernd damit beschäftigt ist, an der Vervollkommnung seiner Räder mit Erfolg zu arbeiten. Sämtliche blanken Teile des neuen Opel Blitz Rades sind verchromt! Der Preis ist noch billiger geworden!
Die Schutzbleche sind verlängert und vorne durchgehend. Das Rad hat gute Reifen, holzfarbene Opel-Felgen, Opel-Spezial-Lenker, Glocke, Ledertasche am Rahmen, F. & S. Kometnabe. Kurz, es ist ein zuverlässiges Markenrad, ein Opel Markenrad, das von Grund auf in der Opel-Fabrik zusammengebaut ist. Und nicht vergessen: altberühmte Opel-Qualität!
Opel Blitz Räder sind mit einer inneren Rahmen-Verstärkung von 5 cm versehen.
Es ist ein wirkliches Vergnügen, dieses Opel Standard Rad 1933 zu besitzen und es zu fahren. Mit »Doppel-Stabil« Rahmen versehen, hat es aparte, neue Linien, unterscheidet sich im Aussehen von allen anderen Fahrrädern und fährt sich so leicht, so bequem, so angenehm!
Rahmen schlagsicher lackiert, mit goldenen Zierlinien abgesetzt. Alle blanken Teile verchromt. Torpedo-Freilaufnabe, Opel-Ständer, Pumpe, Glocke, schwarze Ledertasche am Rahmen, rostsichere Opel-Kette, Opel-Spezial-Lenker, starke Block-Pedale, Opel-Felgen, holzfarbig oder bunt, schwarzer Elastic-Sattel mit Druckfedern.
Opel Standard Räder sind mit einer inneren Rahmen-Verstärkung von 6 cm versehen
ÄNDERUNGEN VORBEHALTEN
OPEL
Fahrräder
1933
Alle verchromt
„Doppel-Stabil" Rahmen
Neue Konstruktion
Noch billiger
AB 52⁵⁰ RM

OPEL BLITZ RAD
auch ballonbereift lieferbar – jetzt verchromt.
Das Opel Blitz Rad 1933 ist ein weiterer Beweis für die Tatsache, daß Opel dauernd damit beschäftigt ist, an der Vervollkommnung seiner Räder mit Erfolg zu arbeiten. Sämtliche blanken Teile des neuen Opel Blitz Rades sind verchromt! Der Preis ist noch billiger geworden!
Die Schutzbleche sind verlängert und vorne durchgehend. Das Rad hat gute Reifen, holzfarbene Opel-Felgen, Opel-Spezial-Lenker, Glocke, Ledertasche am Rahmen, F. & S. Kometnabe. Kurz, es ist ein zuverlässiges Markenrad, ein Opel Markenrad, das von Grund auf in der Opel-Fabrik zusammengebaut ist. Und nicht vergessen: altberühmte Opel-Qualität!
Opel Blitz Räder sind mit einer inneren Rahmen-Verstärkung von 5 cm versehen.
OPEL STANDARD RAD
mit »Doppel-Stabil« Rahmen. Hochdruck und Ballon.
Es ist ein wirkliches Vergnügen, dieses Opel Standard Rad 1933 zu besitzen und es zu fahren. Mit »Doppel-Stabil« Rahmen versehen, hat es aparte, neue Linien, unterscheidet sich im Aussehen von allen anderen Fahrrädern und fährt sich so leicht, so bequem, so angenehm!
Rahmen schlagsicher lackiert, mit goldenen Zierlinien abgesetzt. Alle blanken Teile verchromt. Torpedo-Freilaufnabe, Opel-Ständer, Pumpe, Glocke, schwarze Ledertasche am Rahmen, rostsichere Opel-Kette, Opel-Spezial-Lenker, starke Block-Pedale, Opel-Felgen, holzfarbig oder bunt, schwarzer Elastic-Sattel mit Druckfedern.
Opel Standard Räder sind mit einer inneren Rahmen-Verstärkung von 6 cm versehen
ÄNDERUNGEN VORBEHALTEN

OPEL LUXUS RAD
Mit „Doppel-Stabil" Rahmen
Sensationelle neue Konstruktion
Komplette Ausstattung – Hochdruck und Ballon!
neuen »Doppel-Stabil« Rahmen. Hier ist ein Rad von hoher Qualität

# IV. TABELLEN

## OPEL-FAHRRAD-VERSANDZAHLEN

| Geschäftsjahr | Stück | Rahmen-Nr. |
|---|---|---|
| 1887 | 11 | 11 |
| 1887/88 | 468 | 479 |
| 1888/89 | 1 190 | 1 669 |
| 1889/90 | 2 264 | 3 933 |
| 1890/91 | 3 197 | 7 130 |
| 1891/92 | 4 576 | 11 706 |
| 1892/93 | 5 826 | 17 532 |
| 1893/94 | 8 092 | 25 624 |
| 1894/95 | 8 804 | 34 428 |
| 1895/96 | 10 554 | 44 982 |
| 1896/97 | 15 467 | 60 449 |
| 1897/98 | 13 182 | 73 631 |
| 1898/99 | 15 458 | 89 089 |
| 1899/00 | 13 875 | 102 964 |
| 1900/01 | 11 716 | 114 680 |
| 1901/02 | 11 928 | 126 608 |
| 1902/03 | 15 680 | 142 288 |

| Geschäftsjahr | Stück | Rahmen-Nr. |
|---|---|---|
| 1903/04 | 19 901 | 162 189 |
| 1904/05 | 22 095 | 184 284 |
| 1905/06 | 27 062 | 211 346 |
| 1906/07 | 28 586 | 239 932 |
| 1907/08 | 28 837 | 268 769 |
| 1908/09 | 23 837 | 292 606 |
| 1909/10 | 27 761 | 320 367 |
| 1910/11 | 32 651 | 353 018 |
| 1911/12 | 35 873 | 388 891 |
| 1912/13 | 36 414 | 425 309 |
| 1913/14 | 38 162 | 463 467 |
| 1914/15 | 15 128 | 478 595 |
| 1915/16 | 14 944 | 493 539 |
| 1916/17 | 9 261 | 502 800 |
| 1917/18 | 11 330 | 514 130 |
| 1918/19 | 10 200 | 524 330 |
| 1919/20 | 12 508 | 536 838 |

| Geschäftsjahr | Stück | Rahmen-Nr. |
|---|---|---|
| 1920/21 | 32 304 | 569 142 |
| 1921/22 | 51 522 | 620 664 |
| 1922/23 | 41 318 | 661 982 |
| 1923/24 | 34 760 | 696 742 |
| 1924/25 | 156 228 | 852 970 |
| 1925/26 | 124 893 | 977 863 |
| 1926/27 | 323 510 | 1 301 373 |
| 1927/28 | 309 131 | 1 610 504 |
| 1928/29 | 178 250 | 1 788 754 |
| 1929/30 | 98 000 | 1 886 754 |
| 1930/31 | 58 286 | 1 945 040 |
| 1931/32 | 67 364 | 2 012 404 |
| 1932/33 | 112 084 | 2 124 488 |
| 1933/34 | 151 809 | 2 276 297 |
| 1934/35 | 132 897 | 2 409 194 |
| 1935/36 | 121 688 | 2 530 882 |
| 1936/37 | 46 745 | 2 577 627 |
| Summe: | 2 577 627 | |

## ÜBERSICHT OPEL-FAHRRADMODELLE MIT PREISEN, 1887–1890

| Jahr | 1887 | 1888 | 1889 | 1890 |
|---|---|---|---|---|
| Modell | | | | |
| HR Rhenania | 220–260 | 200–260 | 200–260 | 200–260 |
| HR Mercur | 275–315 | 275–315 | 275–315 | 275–315 |
| Renn-HR Victoria | 375 | | | |
| Sicherheits-Zweirad Blitz | 360 | | | |
| Dreirad Express-Post | 450 | | | |
| Knaben-HR Postillion | 120 | 120 | 120 | 120 |
| Renn-HR Victoria I | | 375 | | |
| HR Club | | 300–340 | 300–340 | 300–340 |
| Sicherheits-Zweirad Schwalbe | | 330 | 330 | 330 |
| Sicherheits-Zweirad Blitz I | | 360 | 360 | |
| Sicherheits-Zweirad Blitz II | | 360 | 360 | |
| Sicherheits-Zweirad Blitz III | | 360 | | |
| Sicherheits-Zweirad Blitz Hubertus | | 350 | 350 | 380 |

| Jahr / Modell | 1887 | 1888 | 1889 | 1890 |
|---|---|---|---|---|
| Dreirad Express-Post II | | 450 | 450 | 450 |
| Dreirad Express-Post IIa | | 460 | 460 | 460 |
| Sicherheits-Rennmaschine Victoria II | | 390 | 390 | 390 |
| Sicherheits-Zweirad Blitz IV | | | 360 | 360 |
| Damen-Sicherheits-Zweirad Flora | | | 360 | 360 |
| Tandem Concordia (H/H, D/H) | | | 550 | 550 |
| Dreirad Renn. Victoria III | | | 500 | 500 |
| Vierrad Tandem Blitz 89 (H/H, D/H) | | | 700 | |
| Renn-HR Victoria I | | | 375 | 375 |
| HR Victoria Halbrenner | | | | 375 |
| Blitz Halbracer | | | | 390 |
| Sicherheits-Zweirad Tourist | | | | 300 |
| Knaben-Sicherheits-Zweirad Courrier | | | | 160 |
| Dreirad Fortuna | | | | 450 |
| Vierrad Tandem Blitz IV (H/H, D/H) | | | | 700 |

## ÜBERSICHT OPEL-FAHRRADMODELLE MIT PREISEN, 1891–1900

| Jahr / Modell | 1891 | 1892 | 1893 | 1894 | 1895 | 1896 | 1897 | 1898 | 1899 | 1900 |
|---|---|---|---|---|---|---|---|---|---|---|
| Sicherheits-Zweirad Blitz | | 275 | | | | | | | | |
| Sicherheits-Zweirad Blitz IV | | 235–280 | | | 260–300 | | | | | |
| Damen-Sicherheits-Zweirad Flora | | | | | | | | | | |
| Tandem Concordia (H/H, D/H) | | 385–445 | | | | | | | | |
| Dreirad Renn. Victoria III | | | | | | | | | | |
| Vierrad Tandem Blitz 89 (H/H, D/H) | | | | | | | | | | |
| Renn-HR Victoria I | | | | 550 | 550–575 | | | | | |
| HR Victoria Halbrenner | | 220–385 | | | | | | | | |
| Blitz Halbracer | | | | | | | | | | |
| Sicherheits-Zweirad Tourist | | | | | | | | | | |
| Knaben-Sicherheits-Zweirad Courrier | | 135–165 | | 160–220 | | | | | | |
| Dreirad Fortuna | | | | | | | | | | |
| Vierrad Tandem Blitz IV (H/H, D/H) | | | | | | | | | | |
| Victoria Blitz m. Pneumatic | | 350 | | 520–530 | | | | | | |
| Victoria Blitz Halbracer m. Pneumatic | | 370 | | | | | | | | |
| Victoria Blitz Racer m. Pneumatic | | 350 | | | | | | | | |
| Damen-Sicherheits-Zweirad Flora Ia | | 295–355 | | | | | | | | |
| Knaben-Sicherheits-Zweirad Courrier II | | 145–175 | | | 240–320 | | | | | |
| Triplet Blitz | | 530–590 | | 840–900 | 840–900 | | | | | |
| HR Übersetzt | | 305 | | | | | | | | |
| HR Front Driving | | 365 | | | | | | | | |
| Dreirad Fortuna II | | 295–430 | | 525–660 | | | | | | |

| Jahr | 1891 | 1892 | 1893 | 1894 | 1895 | 1896 | 1897 | 1898 | 1899 | 1900 |
|---|---|---|---|---|---|---|---|---|---|---|
| **Modell** | | | | | | | | | | |
| Dreirad Racer Victoria | | 415–430 | | | | | | | | |
| Victoria Blitz | | | | 440 | 490 | | | | | |
| Victoria Blitz Halbracer Wien–Berlin | | | | 550–560 | | | | | | |
| Victoria Blitz Racer | | | | 550 | 555 | | | | | |
| Augusta I | | | | 360–440 | 340–420 | | | | | |
| Augusta II | | | | 400–490 | 380–460 | | | | | |
| Columbia I | | | | 575–585 | | | | | | |
| Columbia II | | | | 590–600 | | | | | | |
| Columbia III | | | | 550–560 | | | | | | |
| Flora II, Sicherheits-Zweirad für Mädchen | | | | 190–320 | 240–320 | 200 | | | | |
| Tandem Renn. Victoria Blitz | | | | 700 | 700 | 450 | | | | |
| Dreirad Halbrenn. Victoria III | | | | 650–660 | | | | | | |
| Chicago Blitz | | | | | 575 | | | | | |
| Distanz-Racer Basel–Cleve | | | | | 555 | | | | | |
| Halbracer Wien–Berlin | | | | | 520 | | | | | |
| Flora I Damenrad | | | | | 520 | 300 | 350 | | 250 | |
| Tandem Victoria Blitz Concordia | | | | | 630–690 | 400 | | | | |
| Knaben-Sicherheits-Zweirad Courrier I | | | | | 160 | | | | | |
| Dreirad Halbrenn. Victoria II | | | | | 650 | | | | | |
| Victoria Blitz I (Tourenm.) | | | | | | 250 | | | | |
| Victoria Blitz II (Leichte Tourenm.) | | | | | | 300 | | | | |
| Victoria Blitz III (Dist.-Racer) | | | | | | 350 | | | | |
| Victoria Blitz Rennmaschine | | | | | | 350 | | | | |
| Courrier Jugendrad | | | | | | 200 | 215 | | | |
| Dreirad Victoria | | | | | | 400 | | | | |
| Triplet | | | | | | 650 | 750 | | | |
| Quadruplet | | | | | | 850 | 900 | | | |
| Opel III Dist.-Racer | | | | | | | 365 | | | |
| Rennmaschine | | | | | | | 365 | | | |
| Tandem Halbrenn | | | | | | | 475 | | | |
| Opel Spezial (Tourenmaschine) | | | | | | | | | 215 | |
| Opel I (Feine Tourenmaschine) | | | | | | | | | 250 | |
| Opel II (Luxus-Tourenmaschine) | | | | | | | | | 290 | |
| Opel III (Feine Straßenmaschine) | | | | | | | | | 335 | |
| Opel (Kettenlose Maschine) | | | | | | | | | 420 | |
| Opel Flora II (Feinere Damenmaschine) | | | | | | | | | 300 | |
| Opel Flora III (Luxus-Damenmaschine) | | | | | | | | | 340 | |
| Opel Flora (Mädchenrad) | | | | | | | | | 200 | 190 |
| Opel Courier (Knabenrad) | | | | | | | | | 200 | 190 |
| Opel Dreirad | | | | | | | | | 420 | 400 |
| Opel Tandem | | | | | | | | | 450 | |
| Opel Gepäck-Dreirad | | | | | | | | | 435 | 420 |
| Opel Halbrenn-Tandem | | | | | | | | | 450 | 450 |
| Opel Dreisitzer | | | | | | | | | 650 | 600 |

| Jahr | 1891 | 1892 | 1893 | 1894 | 1895 | 1896 | 1897 | 1898 | 1899 | 1900 |
|---|---|---|---|---|---|---|---|---|---|---|
| **Modell** | | | | | | | | | | |
| Opel Viersitzer | | | | | | | | | 800 | 750 |
| Opel Fünfsitzer | | | | | | | | | 1200 | |
| Opel Transport-Dreirad | | | | | | | | | 550 | 550 |
| Opel No. 10, Tourenmaschine | | | | | | | | | | 200 |
| Opel No. 11, Halbrenner | | | | | | | | | | 230 |
| Opel No. 12, Feine Tourenmaschine | | | | | | | | | | 250 |
| Opel No. 14, Luxus-Tourenmaschine | | | | | | | | | | 290 |
| Opel No. 15, Luxus-Halbrenner | | | | | | | | | | 320 |
| Opel Rennmaschine | | | | | | | | | | 320 |
| Opel Kettenlose Maschine (Herren) | | | | | | | | | | 400 |
| Opel Flora No. 16, Damen-Tourenmaschine | | | | | | | | | | 220 |
| Opel Flora No. 17, Feinere Damen-Tourenmaschine | | | | | | | | | | 260 |
| Opel Flora No. 18, Elegante Damen-Tourenmaschine | | | | | | | | | | 300 |
| Opel Flora No. 19, Luxus Damen-Maschine | | | | | | | | | | 330 |
| Tandem f. Dame/Herr | | | | | | | | | | 450 |
| Tandem f. Herr/Dame | | | | | | | | | | 450 |
| Opel Kettenlose Damenmaschine | | | | | | | | | | 400 |

## ÜBERSICHT OPEL-FAHRRADMODELLE MIT PREISEN, 1901–1910

| Jahr | 1901 | 1904 | 1905 | 1906 | 1907 | 1910 |
|---|---|---|---|---|---|---|
| **Modell** | | | | | | |
| Opel Flora (Mädchenrad) | 190 | 140 | 140 | 125 | 125 | 125 |
| Opel Courier (Knabenrad) | 190 | 140 | 140 | 125 | 125 | 125 |
| Opel Dreirad | 400 | | 375 | 375 | 375 | |
| Opel Tandem | | | | | | |
| Opel Gepäck-Dreirad | 400–420 | 375 | 375 | 375 | 375 | 375 |
| Opel Halbrenn-Tandem | 450 | | | | | |
| Opel Dreisitzer | | | | | | |
| Opel Viersitzer | 750 | | | | | |
| Opel Fünfsitzer | 1000 | | | | | |
| Opel Transport-Dreirad | 550 | | | | | |
| Opel No. 10, Tourenmaschine | 200 | | | | | |
| Opel No. 11, Halbrenner | 225 | | | | | |
| Opel No. 12, Feine Tourenmaschine | | | | | | |
| Opel No. 14, Luxus-Tourenmaschine | | | | | | |
| Opel No. 15, Luxus-Halbrenner | | | | | | |
| Opel Rennmaschine | 300 | 240 | | | | |
| Opel Kettenlose Maschine (Herren) | 360 | | | | | |
| Opel Flora No. 16, Damen-Tourenmaschine | 210 | | | | | |
| Opel Flora No. 17, Feinere Damen-Tourenmaschine | 240 | | | | | |

| Jahr | 1901 | 1904 | 1905 | 1906 | 1907 | 1910 |
|---|---|---|---|---|---|---|
| **Modell** | | | | | | |
| Opel Flora No. 18, Elegante Damen-Tourenmaschine | 275 | | | | | |
| Opel Flora No. 19, Luxus-Damen-Maschine | 300 | | | | | |
| Tandem f. Dame/Herr | 450 | | | | | |
| Tandem f. Herr/Dame | 450 | | | | | |
| Opel Kettenlose Damenmaschine | 360 | | | | | |
| Opel No. 20, Luxus-Tourenmaschine | 260 | | | | | |
| Opel No. 21, Luxus-Halbrenner | 300 | | | | | |
| Opel Flora No. 54, Feine Damenmaschine | | 185 | | | | |
| Opel Kettenloses Herrenrad | | 270 | 270 | 250 | 250 | 250 |
| Opel Flora No. 55, Luxus-Damenmaschine | | 235 | | | | |
| Opel Kettenloses Damenrad | | 270 | 270 | 260 | 260 | 260 |
| Opel No. 53, Luxus-Halbrenner | | 240 | | | | |
| Opel No. 52, Luxus-Tourenmaschine | | 220 | | | | |
| Opel No. 51, Halbrenner | | 190 | | | | |
| Opel No. 50, Feine Tourenmaschine | | 170 | | | | |
| Opel No. 60, Feine Tourenmaschine | | | 170 | | | |
| Opel No. 62, Luxus-Tourenmaschine | | | 220 | | | |
| Opel No. 61, Feiner Halbrenner | | | 190 | | | |
| Opel Racer No. 63 | | | 240 | | | |
| Opel Racer No. 64 für Bahnrennen | | | 250 | | | |
| Opel Flora No. 65 | | | 185 | | | |
| Opel Flora No. 66, Luxus-Damenmaschine | | | 235 | | | |
| Opel Tandem H/H, D/H od. Rennm. | | | 375 | 375 | 375 | |
| Opel Blitz Tourenmaschine | | | | 130 | | |
| Opel Blitz Damenmaschine | | | | 140 | | |
| Opel No. 70, Tourenmaschine | | | | 155 | | |
| Opel No. 71, Halbrenner | | | | 170 | | |
| Opel No. 72, Luxus-Tourenmaschine | | | | 200 | | |
| Opel Racer No. 73 | | | | 220 | | |
| Opel Racer No. 74 für Bahnrennen | | | | 230 | | |
| Opel Flora No. 75, Feine Damenmaschine | | | | 170 | | |
| Opel Flora No. 76, Luxus-Damenmaschine | | | | 220 | | |
| Opel B-Z Tourenmaschine | | | | | 130 | |
| Opel B-Z Damenmaschine | | | | | 140 | |
| Opel 80, Tourenmaschine | | | | | 155 | |
| Opel 81, Feiner, leichter Halbrenner | | | | | 160 | |
| Opel 82, Luxus-Tourenmaschine | | | | | 200 | |
| Opel 83 Straßenrennmaschine | | | | | 220 | |
| Opel 84 Leichtes Rennrad f. Bahn | | | | | 230 | |

| Jahr / Modell | 1901 | 1904 | 1905 | 1906 | 1907 | 1910 |
|---|---|---|---|---|---|---|
| Opel Flora No. 85, Feine Damenmaschine | | | | | 170 | |
| Opel Flora No. 86, Luxus-Damenmaschine | | | | | 220 | |
| Opel Nr. 10 Tourenrad | | | | | | 130 |
| Opel Nr. 7 Damenrad | | | | | | 140 |
| Opel Nr. 1 Tourenrad | | | | | | 155 |
| Opel Nr. 5 Typ England | | | | | | 240 |
| Opel Nr. 2 Halbrenner | | | | | | 150 |
| Opel Nr. 3 Straßenrennrad Sieger Wien–Berlin | | | | | | 200 |
| Opel Nr. 4 Luxus-Tourenrad | | | | | | 200 |
| Opel Nr. 6 Leichtes Rennrad | | | | | | 230 |
| Opel Nr. 6a Leichtes Tourenrad | | | | | | |
| Opel Flora Nr. 8, Feines-Damenrad | | | | | | 170 |
| Opel Flora Nr. 9, Luxus-Damenrad | | | | | | 220 |
| Opel Flora Nr. 8, Luxus-Damenrad | | | | | | |

## ÜBERSICHT OPEL-FAHRRADMODELLE MIT PREISEN, 1911–1914

| Jahr / Modell | 1911 | 1912 | 1913 | 1914 |
|---|---|---|---|---|
| Opel Flora (Mädchenrad) | 125 | 125 | 110 | 110 |
| Opel Courier (Knabenrad) | 125 | 125 | 110 | 110 |
| Opel Dreirad | | | | |
| Opel Tandem | | | | |
| Opel Gepäck-Dreirad | 375 | 375 | 375 | 350 |
| Opel Nr. 10 Tourenrad | 130 | 130 | 125 | 125 |
| Opel Nr. 7 Damenrad | 140 | 140 | 135 | 135 |
| Opel Nr. 1 Tourenrad | 155 | 155 | 145 | 145 |
| Opel Nr. 5 Typ England | 240 | 240 | 200 | 200 |
| Opel Nr. 2 Halbrenner | 150 | 150 | 140 | 140 |
| Opel Nr. 3 Straßenrennrad Sieger Wien–Berlin | 200 | 200 | 175 | 175 |
| Opel Nr. 4 Luxus-Tourenrad | 200 | 200 | 175 | 175 |
| Opel Nr. 6 Leichtes Rennrad | 230 | 230 | 200 | 200 |
| Opel Nr. 6a Leichtes Tourenrad | | 230 | 200 | 200 |
| Opel Flora Nr. 8, Feines Damenrad | 170 | 170 | | |
| Opel Flora Nr. 9, Luxus-Damenrad | 220 | | | |
| Opel Flora Nr. 8, Luxus-Damenrad | | 170 | 160 | 160 |
| Opel Geschäftsrad Nr. 9 | 170 | 170 | 150 | 130–160 |
| Opel Botenfahrrad Nr. 9a | | | 180 | 175 |
| Opel Botenfahrrad Nr. 9b | | | | 160 |
| Saal- u. Kunstfahrmaschine | | | 130 | 130 |

# ÜBERSICHT OPEL-FAHRRADMODELLE MIT PREISEN, 1925–1936

| Jahr / Modell | 1925 | 1926 | 1927 | 1928 | 1929 | 1930 | 1933 | 1935 | 1936 |
|---|---|---|---|---|---|---|---|---|---|
| Opel Nr. 10 Tourenrad | | o. A. | o. A. | | | | | | |
| Opel Nr. 7 Damenrad | | o. A. | o. A. | | | | | | |
| Opel Nr. 1 Tourenrad | | | | | | | | | |
| Opel Nr. 5 Typ England | | o. A. | o. A. | | | | | | |
| Opel Nr. 2 Halbrenner | | o. A. | o. A. | | | | | | |
| Opel Geschäftsrad Nr. 9 | | | o. A. | | 130 | 110 | | | |
| Opel Botenfahrrad Nr. 9a | | | o. A. | | | 145 | | | |
| Opel Botenfahrrad Nr. 9b | | | | | | | | | |
| Saal- und Kunstfahrmaschine | | | | | o. A. | | | | |
| Tourenrad | 105 | | | | | | | | |
| Halbrenner | 110 | | | | | | | | |
| Damenrad | 120 | | | | | | | | |
| Standard 1927, Feines Tourenrad | | | o. A. | | | | | | |
| Standard 1927, Feines Damenrad | | | o. A. | | | | | | |
| Modell Nr. 3, Luxus-Halbrenner | | | o. A. | | | | | | |
| Modell Nr. 3a, Luxus-Damenrad Sport-Mod. | | | o. A. | | 125 | | | | |
| Opel Racer Nr. 6 | | | o.A. | | | | | | |
| Opel ZR III, Straßenrennmaschine | | | o. A. | o. A. | 185 | o. A. | | | |
| Modell Nr. 5, Lux.-Tourenrad Typ England | | | o. A. | | 130 | | | | |
| Modell Nr. 5a, Lux.-Damenrad Typ England | | | o. A. | | 140 | | | | |
| Standard-Herrenrad | | | | o. A. | 98,5 | o. A. | | | |
| Standard-Damenrad | | | | o. A. | 105,5 | o. A. | | | |
| Opel Nr. 7 Feines Damenrad | | | | o. A. | 120 | o. A. | | | |
| Opel Nr. 10 Feines Tourenrad | | | | o. A. | 110 | o. A. | | | |
| Opel Flitzer Luxus-Halbrenner | | | | o. A. | 115 | o. A. | | | |
| Opel Gelbstern Luxus-Damenrad | | | | o. A. | | | | | |
| Opel Kurier Knabenrad | | | o. A. | o. A. | 95 | o. A. | | 55 | 57 |
| Opel Flora Mädchenrad | | | o. A. | o. A. | 103,5 | o. A. | | 60 | 62 |
| Opel Herren-Ballonrad | | | | | 120 | o. A. | | zzgl. 5,– | |
| Opel Damen-Ballonrad | | | | | 135 | o. A. | | zzgl. 5,– | |
| Luxus-Damenrad Sport-Mod. | | | | | | | | | |
| Opel RAK 29/30 Leichter Straßenrenner | | | | | 140 | o. A. | | | |
| Opel Blitz Rad, Herren/Damen | | | 80/87 | 75/82 | | | o. A. | | |
| Opel Standard Doppelstabil | | | | | | | o. A. | | |
| Opel Luxus Doppelstabil | | | | | | | o. A. | 80/85 | |
| Opel Blau Herren | | | | | | | | 55–60 | 57–62 |
| Opel Blau Damen | | | | | | | | 60–65 | 62–67 |
| Opel Grün Herren | | | | | | | | 70 | 72–75 |
| Opel Grün Damen | | | | | | | | 75 | 77–80 |
| Opel Transportrad Damen/Herren | | | | | | | | o.A./115 | 130/115 |
| Opel Doppelstabil-Rennrahmen | | | | | | | | 40 | 40 |